인문사회학으로 보는 AI

인문사회학으로 보는 AI

인공지능 시대,
인간의 삶과 사회는 어떻게 변화하는가

박현식 · 고인석 · 김홍근 · 박성원 · 박창훈 · 염창선 · 이중만 · 조상섭 · 최예정 · 한유미 지음

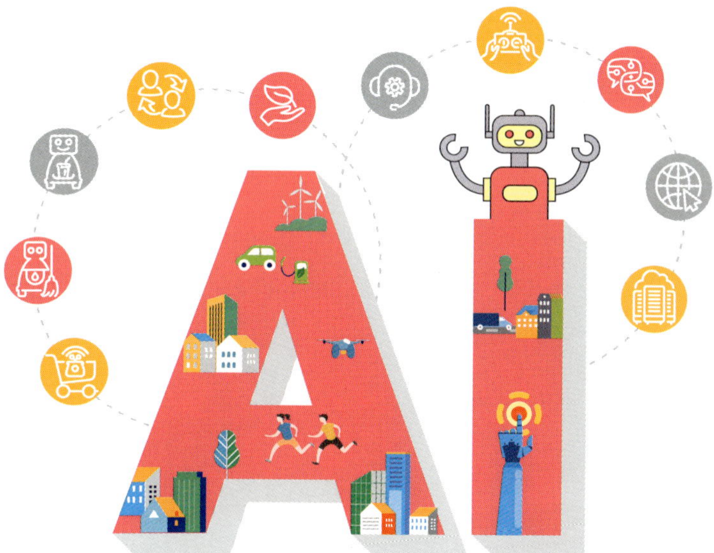

자유아카데미

머리말

4차 산업혁명 시대의 중심은 인공지능(AI)으로 대표된다. 이를 위한 기본적인 개념을 중심으로 지식과 정보가 사회발전의 중심적인 요인이 되면서 이를 습득하고 활용하기 위한 역사, 사회, 인문, 경영 분야에서의 접근이 매우 중요해졌다. 이를 위해서는 무엇보다 인문사회학적 소양을 바탕으로 한 능력을 향상시켜야 하며, 이 시기는 매우 중요하다. 인문사회학적 소양은 나를 깨우치고 사고를 확장하여 주변 환경과 다양한 변화에 대한 유연하고 적절한 대처 능력을 향상할 수 있도록 해준다.

AI는 현재 과학 기술 분야만이 아닌 모든 분야와 영역에 걸쳐 적용되고 있으며, 시대가 변화하는 데 큰 영향을 끼치고 있다. 이에 맞춰 인류는 끊임없이 진화하고 있고 이러한 진화를 통해 생활 방식, 사고, 사회 규범 등이 변화하고 있다. 또한 AI 시대에 맞춰 인간으로서의 가치와 존엄성의 의미, 기능적인 측면에서 인간과 비교되는 AI, 인간이 AI에 비해 유리한 분야, 전통적인 윤리 패러다임에 대한 변화 등에 대한 논의 역시 활발히 이루어지고 있다. 이 책은 이러한 시대에 맞춰 AI 각 분야의 활용과 전망 등을 학습함으로써 새로운 시대를 준비하는 데 일차적인 목적이 있다고 할 수 있다.

1장에서는 AI의 개념을 정리하고 AI의 출현 배경, 즉 역사적 문명의 발달이 어떻게 형성되었는지를 살펴보고, 각 문명의 발달에 따른 인간의 의식, 가족, 사회구조가 어떻게 변화되었는지를 학습하여 AI 시대를 준비하는 새로운 사고체계에 대해 알아볼 것이다.

2장과 3장에서는 인간에 대한 이해, 즉 인간의 정체성에서부터 출발하여 어떻게 인간관계를 발전시켜나갈지에 대한 사회 · 윤리적 차원과 정의에 대한 내용을 다루고 있다.

4장에서는 AI 시대에 아이들의 삶과 아동기에 대해 조명하고, 아동과 관련된 AI 기술의 실태를 살펴봄으로써 AI 시대에 부모나 교사의 역할과 유의점에 대해 알아본다. 또한, AI 리터라시의 초기 단계로서 아동기의 중요성을 인식하고, 아이들이 이해할 수 있는 코딩 개념을 학습하여 이를 교육 활동으로 연결하는 경험을 갖는다.

5장에서는 문학적 분야에서의 AI를 다룬다. AI 시대의 문학은 살아남을 것인지, 살아남는다면 어떤 형태로 바뀔 것인지, '문학'이라는 영역과는 다른 의미에서 스토리텔링은 어떻게 변화하여 새롭게 우리 곁에서 작용하고 있는지에 대해 살펴본다.

6장에서는 지금의 팬데믹(대 유행병) 상황을 AI를 통해 대입하여 봄으로써 AI의 분석 능력이 시대적 문제를 어떻게 해결하고 극복하게 해주는지를 새로운 시각으로 살펴본다.

7장과 8장에서는 향후 미래사회의 구조는 어떻게 변화할 것인지, AI를 통한 산업구조와 창업 등은 어떠한 방향으로 나아갈 것인지에 대해 알아본다. AI 시대에는 AI 기술을 접목하여 고객과 상호작용하고 관계를 구축하고 발전시키는 새로운 형태의 마케팅이 필요하다. 따라서 소셜 미디어 마케팅, 모바일 마케팅, 빅데이터 마케팅 등 광고나 마케팅에 관심이 있는 학생들과 벤처창업을 준비하는 학생들을 대상으로 AI 마케팅의 기본개념, 디지털 광고, 소셜 미디어, 모바일, 빅데이터 마케팅, 데이터 기반 타게팅과 개인화, 구글 마케팅과 마케팅 기술을 활용한 마케팅 전략 등을 주제로 다룬다.

9장에서는 연결과 융합, 창의성이 화두인 AI 시대, 즉 상상력을 학습한 기계와 인간의 공존 결과로 영상 콘텐츠가 생산되고 있는 시점에서 과연 AI가 콘텐츠 창작자의 감성을 반영하고 예술적 감동이라는 결과까지 만들어 낼 수 있을지에 대해 살펴봄으로써 AI 시대에 AI와 콘텐츠의 관계에 대한 관점을 다룬다.

10장에서는 인류가 시작된 이후로 계속 유지되고 발달해온 게임에 대해 다룬다. 인류의 과학 문명의 진화로 컴퓨터가 보급됨에 따라 게임의 방법이 바뀌었고 더욱더 다양해졌다. AI 시대에 게임은 현실과 가상의 경계를 넘나드는 새로운 영역으로 등장할 것이며, AI 시대의 게임의 방향과 기술을 예측해 보는 것은 중요한 요소라고 할 수 있다. 따라서 게임의 의미를 놀이에서 새로운 세계로의 전환으로 예측해 보고자 한다.

좋은 책을 위해 최선을 다하였지만 부족한 부분이 있을 수 있다. 이 점은 양해를 바라며 추후 수정사항이 있을 경우에는 자유아카데미 홈페이지(www.freeaca.com) 자료실을 통해 제공할 예정이니 참고하기를 바란다. 끝으로, 이 책을 출간하는 데 도움을 주신 자유아카데미 여러분께 감사의 말씀을 전하며, 아무쪼록 이 책이 AI를 공부하는 많은 이들에게 도움이 되기를 바란다.

2021년 8월
저자 일동

차례

8장 AI 시대의 마케팅

9장 현실 너머 예술·기술, AI 콘텐츠

10장 AI와 게임

부록

1장

진화하는 AI와 인간 사회

1. 인공지능과 휴머니즘

인공지능이란 무엇일까? 이는 현대사회에서 시대의 물결처럼 대명사로 회자되는 4차 산업혁명의 핵심 영역인 인공지능의 등장 배경에서부터 살펴봐야 한다. 과거를 돌이켜 보면, 문명의 발달과정에서 도구의 개발과 활용을 '과학'이라고 명명하는 기원을 가진다. 과학은 기본적으로 이 정의에 기초하여 두 가지 정신을 가져야 한다. 첫째는 모든 과학은 사물에 이미 내포된 조물주가 부여한 특성을 찾는 일이라는 점에서 학문적 겸손함이 있어야 한다. 둘째는 모든 물질과 요소에 대한 가치를 존중하는 것이다. 눈에 보이는 모든 사물과 물질은 인간의 삶에 유용하게 활용될 수 있다는 창조성을 인식해야 한다.

고대 세계의 문명 발전은 인류의 필요로 발전해 왔고 이는 인류에게 편리와 즐거움을 제공하였다. 즉, 인간의 한계를 극복하기 위한 노력이 문명을 이룩하였고 이는 과거 기술의 계승으로 자연계를 극복하는 과정으로 발전하는 것이다.

인공지능 시대는 컴퓨터의 발견과 IT의 진보, 알파고와 인간의 바둑을 시작으로 모든 지구촌이 미래사회를 전망하며 새로운 삶이 우리에게 올 것으로 기대와 우려를 동시에 하며, 현시대의 문제를 극복할 수 있는 지구를 구해줄 대안으로 인공지능을 보편화하였다. 이러한 발전은 불과 60여 년의 시간이 걸린 위대한 발전이라고 말할 수 있다. 따라서 인공지능은 미래사회를 예측할 수 있게 하지만 긍정적인 면만을

* 본 장은 "인공지능과 휴머니즘에 대한 담론(호서대학교 인문사회과학연구소, 2021)"의 일부를 참고하였음.

예견하기에는 너무나 막연하다. 한 번도 가보지 못하고 너무 빨리 변화하는 사회를 맞이해야 하기 때문이다.[1]

현대에 이르러 컴퓨터와 AI의 등장으로 인류의 삶은 획기적으로 변화되었지만, 인공지능의 등장에 따른 부작용의 출현과 과거 전통미 상실 등의 부정적인 현상도 동시에 나타나고 있다. 이제 미래 삶의 진보라는 막연한 환상을 넘어 진정한 인간성의 회복을 위한 인공지능의 담론을 제시하고자 한다.

2. 인공지능의 개념

인간의 지능을 컴퓨터가 모방할 수 있도록 하는 것을 인공지능이라 한다. 즉, 인간의 지능이 수행하는 사고·학습·모방·자기 계발 등의 활동을 컴퓨터도 수행할 수 있도록 연구하는 컴퓨터공학 및 정보기술 분야를 말한다. 인공지능은 1959년에 MIT AI 연구소를 설립한 존 매카시(John McCarthy, 1927~2011)와 마빈 민스키(Marvin Minsky, 1927~2016), 카네기멜론 대학에 인공지능 연구소를 만든 앨런 뉴얼(Allen Newell, 1927~1992)과 허버트 사이먼(Herbert A. Simon, 1916~2001)과 같은 개척자들에 의해 1950년도에 실험학문으로 시작되었다.[2]

인간을 완벽하게 모방하기 위해 인간의 마음을 복잡한 정보처리로

1 노년공학 개발론, 박현식 외, 2016.

2 인공지능, 손에 잡히는 IT 시사용어, 한국정보통신기술협회, 2008.02.01.

표 1.1_ 진화 단계에 따른 인공지능의 종류

종류	특징
약한 인공지능 (Weak AI)	■ 스스로 사고하여 문제를 해결할 수 있는 능력이 없는 컴퓨터 기반의 AI를 말한다. ■ 구글의 AlphaGo, IBM의 Watson 등과 같이 지능적인 행동을 수행한다.
강한 인공지능 (Strong AI)	■ 스스로 사고하여 문제를 해결할 수 있는 능력이 있는 컴퓨터 기반의 AI를 말한다. ■ 스스로를 인식할 수 있고, 지각력과 독립성을 갖추었다.
초인공지능 (Super AI)	■ 인간보다 1,000배 이상의 뛰어난 지능을 가진 AI를 말한다. ■ 효율성, 자기보존, 자원획득, 창의성 등의 원초적인 욕구를 바탕으로 끊임없이 자가발전을 수행한다.

자료: 김대식의 인간 vs 기계, 김대식, 동아시아, 2016.

구현한 것을 '강한 인공지능(Strong AI)'이라 하고, 단순히 인간의 능력 일부를 시뮬레이션하거나 유용한 작업을 수행하는 도구로서 구현한 것을 '약한 인공지능(Weak AI)'이라 한다. 이는 1980년에 존 설(John R. Searle) 교수가 최초로 사용한 개념이다.

그는 인간의 마음에 대해 마치 컴퓨터 소프트웨어를 구현하는 것처럼 인간의 내면을 연구하는 것을 '강한 인공지능 연구'라고 하였고, 반대로 인간의 마음이 아닌 단지 유용한 도구로서의 개발을 위해 연구하는 것를 '약한 인공지능 연구'라고 정의하였다. 이는 과학과 문명의 발달로 정의한 개념과 달리 철학적 관점에서 인간의 마음을 컴퓨터나 소프트웨어와 같이 보는 연구를 비판하였다.[3]

3 [인공지능의 분류] 강한 인공지능과 약한 인공지능, https://samstory.coolschool.co.kr/zone/story/modi/streams/75955.

3. 인공지능의 역사

인공지능의 역사는 20세기 초반보다 더 이른 17~18세기부터 시작되었다. 하지만 이 시기에는 인공지능 그 자체의 개념보다 뇌와 마음

표 1.2_ 인공지능의 역사

시기	내용
1943년	워렌 맥컬록과 월터 피츠가 전기 스위치처럼 켜고 끄는 기초기능의 인공신경을 그물망의 형태로 연결하면 사람의 뇌에서 일어나는 아주 간단한 기능을 흉내낼 수 있다는 것을 증명하였다.
1950년	앨런 튜링이 기계가 인간과 얼마나 비슷하게 대화할 수 있는지를 판별하는 튜링 테스트를 제안하였다.
1956년	다트머스 회의에서 인공지능이라는 용어를 처음으로 사용하였다.
1958년	프랭크 로젠블랫이 뇌신경을 모사한 인공신경 뉴런 '퍼셉트론'을 제시하였다.
1970년대	AI 연구가 기대했던 결과를 보여주지 못하자 대규모 투자가 중단되어 AI 연구의 암흑기가 도래하였다.
1980년대	전문가들의 지식과 경험을 데이터베이스화하여 의사결정 과정을 프로그래밍한 '전문가시스템'을 도입하였지만, 관리의 비효율성과 유지·보수의 어려움으로 한계를 맞이하였다.
1997년	IBM의 딥블루가 체스 챔피언과의 체스 대결에서 승리하였다.
2006년	토론토 대학교의 제프리 힌턴 교수가 딥러닝 알고리즘을 발표하였다.
2012년	국제 이미지 인식 경진대회인 '이미지넷'에서 딥러닝을 활용한 팀이 우승하여 획기적인 전환점을 맞이하였다.
2014년	구글이 딥마인드를 인수하였다.
2016년	구글이 인수한 딥마인드의 알파고가 한국의 바둑기사 이세돌에게 4:1로 승리하였다.

자료: AI 활용 어디까지 왔나, 주간경향, 2019. 4. 29.

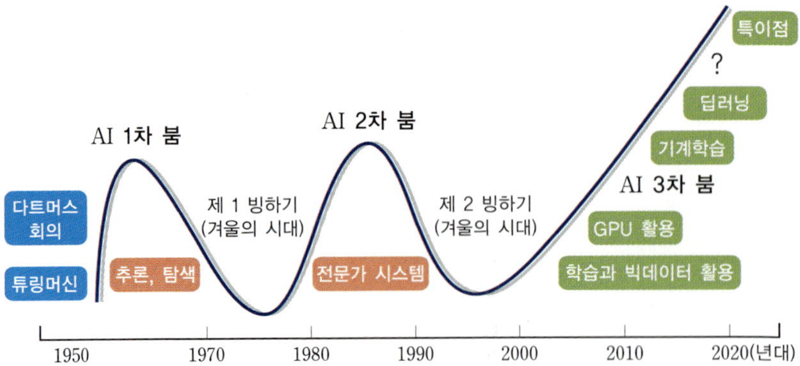

그림 1.1_ 인공지능의 발전 역사

의 관계에 대한 철학적인 논쟁 수준에서만 머무르고 있었다. 시간이 흘러 20세기 중반부터 컴퓨터의 발달 혁신이 본격적으로 시작하면서 "컴퓨터로 인간의 뇌를 구현하면 인간이 하는 일을 수행할 수 있지 않을까?"라는 의견이 제시되었고, 빠른 속도로 인공지능은 학문의 영역으로 들어서기 시작하였다.

그 후, 20세기 중반부터는 자연어 처리나 복잡한 수학 문제 풀이 등 인간만이 수행할 수 있는 영역의 문제들도 컴퓨터로 해결할 수 있도록 혁신적인 연구를 시작하였다. AI 산업은 이미 1980년도에 10억 달러 규모의 거대한 분야로 과거에 실용화되었지만, 당시 정보처리 능력의 한계와 정보량의 부족으로 투자가 중단되었다. 과거 1970년대에 단일 계층 신경망의 한계로 인한 '1차 AI 위기(First AI Winter)'로 주춤했던 AI 연구의 위기는 1974년도에 제시된 역전파 알고리즘과 전문가시스템의 성장, 1980년도에 신경망 이론에 대한 연구가 다시 시작되고 많은 연구가 이루어지면서 다시 활발해지는가 하였지만, 여전히 성장이 지지부진하여 큰 실망을 안겨주어 '2차 AI 위기(Second AI

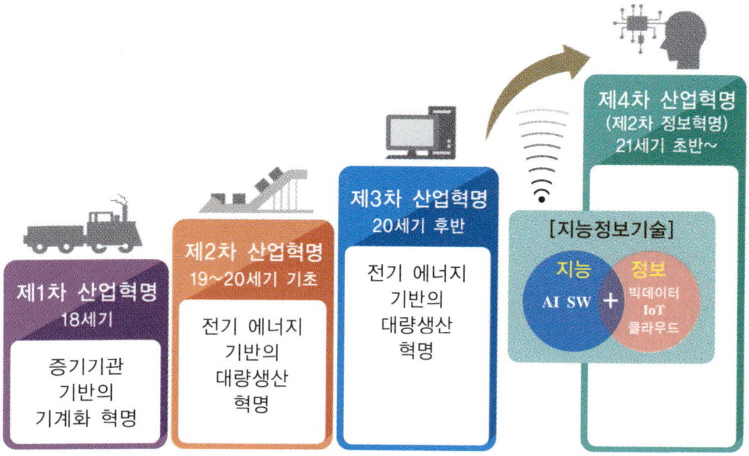

그림 1.2_ 산업혁명의 변화

Winter)'를 맞이하였다.[4]

인간 사회는 3차 산업혁명을 통해 정보화라는 새로운 프레임으로 변모하였다. 여기서 놀라운 것은 1차부터 3차 산업혁명까지 전개되는 시간의 간격이 갈수록 급격히 줄어들었다는 점이다. 1차 산업혁명이 시작된 이후 불과 200여 년 만에 3차 산업혁명까지 이루어짐으로써 7만 년 동안 격변하지 않은 채 진행되어 온 인간의 역사와 완전히 다른 양상을 보였다. 현재 우리가 경험하고 있는 4차 산업혁명은 이전까지의 산업혁명보다 더 큰 변화를 불러올 것이다.

4 인공지능의 역사, 박소영, 2017. 인간, 환경, 미래 제22호.

4. 인공지능의 논란

인공지능 기술의 발달은 기존의 패러다임에서 무언가 혁신적으로 변화하였다기보다는 기존에 있던 기술이 우수하게 개량되어 실용화된 수준이라는 관점도 많다. 왜냐하면, 막상 본래 목표로 했던 인간의 의식과 두뇌 구현에 관한 연구가 아직 제한적으로 계속 진행되고 있고, 어떤 결과가 나오지도 않은 채 별다른 진전이 없기 때문이다. 지금까지도 뇌의 작동 원리에 대한 연구 수준은 뉴런의 동작이나 뇌의 부위별 역할, 혹은 상관관계를 알아내는 정도로 두뇌 분석의 기초가 될 신경 회로에 대한 연구마저도 굉장히 진척이 느리기 때문에 인공신경망의 모티브가 된 점만 빼면, 아직은 인공지능 분야와의 실질적인 접점이 별로 없는 편이라고 볼 수 있다.

최근 마케팅 분야에 AI의 도입으로 신뢰도가 많이 상승하였지만, 현재의 AI는 강 인공지능이 아닌 데이터와 환경에 기반한 약 인공지능에 불과하다. 학습시키는 데 많은 데이터가 필요하여 비용이 많이 들 뿐만 아니라 산출되는 결과도 데이터에 기반한 결과만 나오지 데이터를 뛰어넘는 일반 지성이 발생하지는 않는다. 따라서 더 좋은 결과가 필요할 때는 비용을 더 들여서 새로운 데이터를 재학습시켜야 한다. 이러한 면에서 현재의 AI인 약 인공지능이 할 수 없는 일을 명확히 인지하고, AI의 한계를 사람들이 자연스럽게 받아들여야 AI에 대한 환상이 자연스럽게 감소하면서 지속해서 AI가 조금씩 성장할 수 있을 것이다.

AI에만 의존하려다가 AI의 발전은 더는 불가능하다고 밝혀지면, 최악의 경우 제3의 AI 위기가 올 수도 있다. 이미 AI가 다 해줄 것이라

믿으면서 밝은 미래만 바라보다 AI가 할 수 없다고 밝혀지자마자 연구나 재단 지원을 끊어 수십 년 동안 AI 빙하기가 온 전례가 있다. 당장 컴퓨터의 등장 시기였던 60년 전과 영상의 학습이 거의 불가능했지만 막 3층 이상의 신경망이 등장한 시기인 30년 전만 해도 AI 붐이 지속되었던 기간은 거의 10년을 넘지 않았다.

또한, 현재도 영상을 제외한 소리와 문맥의 학습은 유아 수준조차 뛰어넘지 못한다(컴퓨팅 파워, 데이터, 학습 기간을 줘도 학습이 안 된다). AI가 인간을 뛰어넘는 일반 지성을 갖출 것이라든지, AI가 인간보다 모든 일을 잘한다든지, AI가 모든 직업을 대신한다는 등의 지나치게 밝은 미래를 꿈꾸는 것은 금물이다. AI는 단지 데이터와 환경을 무자비하게 많이 수집하고 처리해서 합리적으로 행동할 수 있으며, 이 행동은 지성에 기반한 행동이 아니라는 것이다. AI는 데이터와 환경의 지속적 입력을 통해 최대 약 인공지능까지 제작할 수 있는 정도이며 단순 반복 및 계산 작업이 아닌 이상은 아직도 사람이 압도적으로 성능과 효율이 높고, 특이상황에도 AI보다 신속·저비용으로 대처할 수 있다. 무엇보다 인공지능의 학습에 드는 데이터는 그 자체가 돈이며, 약 인공지능인 이상 계속해서 데이터가 인공지능에 연료처럼 공급되어야만 한다는 것이다.

5. 인공지능의 분야

인공지능 분야에서 '기계 학습', '인공신경망', '심층 학습' 등의 용어를 들어보았을 것이다. 이번 절에서는 이러한 인공지능 분야의 용어들에 대해 간단히 알아보자.

먼저 기계 학습(Machine Learning)은 통계적인 접근 방법을 통해 입력받은 정보를 활용하여 스스로 학습하는 것을 말한다. 다음으로 인공신경망(Artificial Neural Network)은 생물의 중추신경계, 특히 인간의 뇌 신경 구조에 영감을 받아 만든 기계 학습 모델이다. 마지막으로 심층 학습(Deep Learning)은 인공신경망에서 발전한 형태로 뇌의 신경망과 유사한 정보의 입출력 계층을 활용하여 데이터를 학습한다. 즉, 단일 층이 아닌 실제 뇌처럼 여러 계층으로 구성된 것이다.

인공지능은 그 자체로 존재하는 것이 아니라 컴퓨터 과학 분야와 다른 여러 분야가 직간접적으로 많은 관련이 있는 기술이다. 특히, 현대에는 정보기술을 이용하는 다양한 분야에서 인공지능 기술을 도입하여 그 분야의 문제해결에 활용하려는 시도가 매우 활발하게 이루어지고 있다.

① 자연어 처리(natural language processing) 분야에서는 이미 자동번역과 같은 시스템을 실용화하였고, 특히 연구가 더 진행될수록 사람이 컴퓨터와 대화하며 정보를 교환할 수 있게 됨에 따라 컴퓨터 사용에 혁신적인 변화가 오게 될 것이다.

② 전문가시스템(expert system) 분야에서는 컴퓨터가 현재 인간이 수행하고 있는 여러 가지 전문적인 작업(의사의 진단, 광물의 매장량 평가, 화합물의 구조 추정, 손해 배상 보험료의 판정 등)을 대신할 수 있도록 하는 것이다. 여러 분야 가운데서도 가장 먼저 발전되었다.

③ 문자 · 이미지 · 영상 인식 분야에서는 컴퓨터가 카메라 등의 촬영기기를 통해 입력받은 데이터를 분석하여 그것이 무엇인지를 분석한다. 이러한 영상 및 음성 인식 기술은 문자 인식, 로봇공학 등에 핵심적인 기술이다.

④ 이론증명(theorem proving)은 수학적인 정리를 이미 알려진 사실로부터 논리적으로 추론하여 증명하는 과정으로서 인공지능의 여러 분야에서 사용되는 필수적인 기술이며, 그 자체로도 많은 가치를 지니고 있다.

⑤ 신경망(neural network)은 비교적 근래에 등장한 것으로서 수학적 논리학이 아닌, 인간의 두뇌를 모방하여 수많은 간단한 처리기들의 네트워크로 구성된 신경망 구조를 상정하는 것이다.

6. 인공지능과 노동

경제학자 타일러 코웬(Tyler Cowen)은 "평균의 시대는 끝났다(AVERAGE IS OVER)."라는 말을 하며 현대 사회의 가장 큰 화두를 '양극화'와 '4차 산업혁명(AI)' 두 가지로 설명하면서 이를 엮은 미래상을 제시하였다. 4차 산업혁명 시대에는 1% 대 99%로 나뉘는 극단적 양극화가 나타날 것이다. 즉, '평균'으로 대변되는 중간층이 사라진 양극화가 진행된다. 기계 지능이 대체할 수 있는 평범한 능력자들을 위한 일자리가 사라지고, 기계 지능을 활용하여 노동의 가치를 증가시

키는 사람은 고소득자의 반열로 올라설 것이다. 반면, 그렇지 못한 사람들은 빈곤층으로 떨어질 것이다.[5]

산업혁명 초창기에는 기존의 노동자들이 기계가 자신들의 일자리를 빼앗는다면서 기계를 부수고 저항하였지만, 결과적으로 기계가 노동자들의 영역을 침범하는 것을 막지는 못하였다. 산업혁명 이후 마부의 일자리는 소멸하였지만, 반대로 자동차 관련 산업의 일자리는 폭증하였다. 결과적으로 운송 분야의 일자리 총량이 증가한 것이다.

초지능의 등장에서 중요한 것은 인간의 일자리를 부분적으로 대체하는 수준의 자동화가 실제 일자리 총량에 어떤 영향을 미치느냐다. 우리는 경제가 지금과 같은 형태로 존속한다는 전제를 깔고 있다는 인식으로의 해석을 하지만 다르게 바라볼 수도 있다. 만약 강 인공지능이 등장하면서 지금의 일자리 대부분을 대체할 수 있게 된다면, 사실 지금과 같은 경쟁적 자본주의 체제를 유지할 이유가 없다. 인류가 노동에서 해방될지도 모르는 일이다.

현대인들의 취미인 비디오 게임이나 온라인 게임 역시 컴퓨터와 AI를 적절히 활용한 예이다. 사람들에게 즐거운 유희의 도구를 제공하는 것은 물론이고, 엄청난 부가가치를 창출하는 산업으로 성장하였다. 불과 반세기 전만 해도 현재의 게임 산업 규모는 상상도 할 수 없었다. 컴퓨터와 AI를 활용하여 컴퓨터 게임이라는 희대의 도구를 만들었고, 이를 통해 게임 산업이라는 새로운 시장이 형성되어 수많은 게임회사와 게임 관련 일자리를 만들어내었다.

인공지능이 발전한다면 향후 미래에는 새로운 분야의 시장이 형성

5 4차 산업혁명 강력한 인간의 시대, 타일러 코웬, 신승미 역, 2017.

되어 사람들에게 재미를 제공할지도 모른다. 기계와 컴퓨터가 등장했을 때, 인간이 기계와 컴퓨터에 종속될 우려를 하는 사람들이 많았으나 현재는 오히려 삶이 더 풍요로워진 것은 기계와 컴퓨터의 목적 자체가 인간의 더 나은 삶을 위해 개발한 것이기 때문이다. 부작용이 나타나기도 하였지만, 부작용들을 통제하는 법이나 제도 역시 함께 발전하면서 이러한 문제를 비교적 잘 통제하여 인간의 삶에 더 유용하도록 잘 활용하고, 앞으로도 그러할 것이다.

산업혁명 이후에 수많은 기계가 발명되었고, 기계가 처음 등장하였을 때 노동자들은 일자리를 빼앗는다면서 기계를 파괴하는 것으로 대응하였다. 컴퓨터의 등장과 급속한 발전도 수많은 전문가와 미디어에서 노동자들의 대량실직과 컴퓨터에 대한 종속을 우려하는 반응을 쏟아내었다. 이제 AI의 등장이다. 기존의 기계나 컴퓨터는 부분적으로 인간의 손길이 필요한 도구의 연장선에 불과하였지만, 고도화된 인공지능은 인간의 손길 없이도 스스로 생각하고 행동하는 지성체나 마찬가지인 존재여서 인간이 제대로 통제할 수 있을지 우려하는 목소리가 크다.

7. 인공지능은 어디로 나아가는가?

문명은 태초부터 주로 노동의 개념을 중심으로 형성되었다. 미래의 노동에 대해 대다수 사람의 의견이 일치하는 영역이 있는데, 제조와 서비스 제공 과정에 있어서 기계가 인간 노동을 대체하는 새로운 시대가 시작된다는 것이다. 노동에 토대를 두지 않는 사회는 우리가 알고 있는 사회 조직의 원리와는 너무나 판이하기 때문에 우리는 사회

계약의 기본 토대에 대해 재고해야만 하는 시점에 처해 있다. 우리는 역사상 유례없는 거대한 사회변혁을 초래하는 강력한 신기술 혁명 속으로 휩쓸려 들어가고 있다.

우리 앞에 놓인 세계가 유토피아인지 아닌지는 정보화 시대의 생산성 향상분이 어떻게 분배되는가에 따라 크게 좌우된다. 생산성 향상분의 공정한 분배를 위해서는 전 세계적인 노동 시간 단축이 필요하고, 시장 부문에서 축출된 사람들에게 제3부문(사회적 경제)의 일자리를 제공하기 위한 정부의 노력이 필요하다. 산업혁명의 기술들은 그 약속을 속 시원하게 공개하지 못하였다. 인공지능이 투자를 대신하고 자동차를 대신 운행한다면 인간의 삶은 크게 바뀔 것이다. 그 바뀐 세상에서 인간은 무엇을 하며 살아갈 것인가? 인간의 존엄과 생명의 중요성은 여전히 강조되지만, 동시에 강조되는 것은 인간의 무능력이다.

기술의 발전을 날씨의 변화처럼 받아들이는 것은 근대 이후 발전해 온 현대 기술의 패러다임이 자연을 지배하는 것에서 점차 벗어나고 있다는 것을 보여준다. 이를 '자연 상태로의 전환'이라 한다. 이는 기술을 자연의 일부처럼 받아들이고, 인간은 그 상황에 적응해야 하는 존재로 이해하는 것이다. 오늘날 미래의 기술 천국에 대한 오랜 역사의 유토피아가 눈앞에 다가오고 있다. 정보통신 혁명의 기술은 다가오는 세기에 있어서 오랫동안 예견되었던 꿈인 노동자가 거의 없는 세계를 보여준다.

기술의 열매인 유토피아의 꿈에 한 걸음 더 가깝게 보이면 보일수록 미래에는 더욱더 많은 결함 사회(디스토피아)가 나타날 것이다. 이는 일자리를 잃어 가는 수백만의 노동자들에게 추가적인 여가를 만들어 주는 것을 생각하지 않고, 시장의 힘이 계속해서 생산과 이윤만을 창출하기 때문이다. 오늘날 우리는 수많은 신기술의 경이로움과 마력을 목격하고 있다. 우리는 근대적 기술이 우리를 해방해줄 것이라고 믿도록 유도되었다. 수많은 사람이 더 나은 내일의 희망을 컴퓨터 혁명의 해방적 잠재력에 기대하고 있다. 그러나 대다수 노동자의 경제적 운명은 기술적 풍요의 와중에서도 계속 악화될 것이다.

22세기까지는 지적 기술이 상업적 영역의 인간 노동을 많이 대체하게 되고 이에 따라 대부분의 사람은 문화적 영역에 속하는 직업을 가지기 위해 교육과 훈련을 받아야 한다고 예상해 볼 수 있다. 결국, 노동은 기계가 하게 될 것이다. 노동은 단지 효용을 생산하는 것에 관한 것이다. 반면, 사람들은 내재적인 가치를 창출하고 공유된 사회 공동체 의식을 재활성화하기 위해 노동으로부터 해방되어야 한다. 이에 따라 다가오는 세기에 인류를 위한 위대한 도약을 꿈꾸고 있는 시민 사회에서 사회적 자산을 만들어내기 위한 중요한 공헌을 할 수 있다. 지금 요구되는 것은 이러한 궁극적인 인간의 여행을 시작하기 위한 의지와 결단력이다.[6]

인류문명의 큰 맥락에서 볼 때 환경과 자연 파괴 문제는 인류가 대처해야 할 가장 급하고 근본적인 문제이며 자연과 인간의 관계 및 인간이 추구해야 할 가치에 대한 철학적 사유의 혁명적 전환이 없이는 불가능하다. 그 사유의 시작은 인간은 결코 지구와 우주의 주인이 아니고 공존해야 할 일부일 뿐이다.

6 노동의 종말, 제러미 리프킨, 이명호 역, 2005.

활동 1

|1| 과학 문명은 왜 발전하였는가?

|2| 인공지능의 발전은 인류의 필요에 의한 발전이었는가?

|3| 미래의 인류는 어떤 문명사회를 만나게 될까?

1장 참고문헌

- 인공지능과 휴머니즘에 대한 담론, AI와 인간사회 제2권 1호, 호서대학교 인문사회과학연구소, 2021.
- 노년공학 개발론, 박현식 외, 2016.
- 인공지능, 손에 잡히는 IT 시사용어, 한국정보통신기술협회, 2008.02.01.
- [인공지능의 분류] 강한 인공지능과 약한 인공지능, https://samstory.coolschool.co.kr/zone/story/modi/streams/75955.
- 김대식의 인간 vs 기계, 김대식, 동아시아, 2016.
- 인공지능과 제4차 산업혁명의 함의, 원동규·이상필, 대한산업공학회, ie 매거진 제23권 2호, 2016.
- AI 활용 어디까지 왔나, 주간경향, 2019.4.29.
- 인공지능의 역사, 박소영, 2017. 인간, 환경, 미래 제22호.
- 4차 산업혁명 강력한 인간의 시대, 타일러 코웬, 신승미 역, 2017.
- 노동의 종말, 제러미 리프킨, 이명호 역, 2005.
- 인공지능, 두산백과, https://www.doopedia.co.kr/search/encyber/new_totalSearch.jsp
- 인공지능, 나무위키, https://namu.wiki/w/%EC%9D%B8%EA%B3%B5%EC%A7%80%EB%8A%A5

2장

AI 시대의 윤리

1. 인공지능 시대의 윤리

AI 기술의 급속한 발전으로 현대인들은 매우 당황하고 있다. 일자리를 빼앗고 인간성을 말살할지도 모른다는 공포감 때문에 '신(新) 러다이트 운동'과 같은 AI를 반대하는 경향이 나타났지만, 가까운 미래에 인류의 삶을 획기적으로 편리하게 만들고 더 윤택하게 해줄 것이라는 장밋빛 기대감도 있다. 그러나 기존에 있던 일자리들이 사라지고 새로운 일자리에 적응하지 못하는 혼란과 재취업 문제, 이로 인한 기회비용 문제, 계층 간 소득불균형과 빈부 격차의 극단화 등 사회 전반적인 문제점들은 아주 분명하게 예상되고 있다. 더구나 AI 로봇의 과실을 둘러싼 엔지니어 및 제조사, 소유주, 보험사 간의 치열한 윤리적·법적 공방도 예상된다. 이런 문제들 때문에 이번 장에서는 AI 시대 윤리 문제의 차원들과 쟁점들을 다루어 보고자 한다.

2. 급변하는 AI 기술과 인간의 정체성 교란

2015년부터 지난 5월까지 대단한 인기를 끌면서 영국에서 방영된 "The Humans"라는 드라마는 인공지능이 생활화된 세상에서 호킨스(Hawkins) 가족이 인간과 꼭 닮은 로봇인 '아니타(Anita)'를 구매하면서 가족 간에 벌어지는 갈등을 잘 묘사해준다. 의학과 심리학 지식은 물론 인간처럼 감정도 느끼는 인공지능 로봇 '아니타'가 딸에게 동화를 읽어주고 모든 일에서 엄마처럼 행동하면서 아들과 딸은 물론 남편까지도 AI 로봇인 '아니타'만을 좋아하게 된다. 매일 지쳐서 퇴근하는 엄마이자 아내인 '로라'가 자신의 역할에서 점점 밀려나는 위기감을 느끼면서 가족 사이에서 갈등이 시작된다. 너무나도 인간 같은, 모든 분야에서 인간을 능가하는 휴머노이드(Humanoid) '아니타'는 감동과 충격을 동시에 안겨 준다. 그 후에도 이와 유사한 작품들이 쏟아져 나왔는데, 이 드라마가 의미하는 바는 인간의 의사결정권과 심지어 감정까지도 AI 로봇에게 잠식당할 수 있으며, 시청자로 하여금 AI 기술의 신기한 발전에 놀라게 하였을 뿐만 아니라, 그 기술 발전의 한계를 어디에 두어야 하는지, 그리고 동시에 더 나아가 AI 시대에 인간은 과연 무엇이고, 무엇이어야만 하는지를 묻도록 만든다는 점이다.

잠시 우리의 일상생활을 되돌아보면, 매일 손에 쥐고 사는 과학기술의 총아인 스마트폰은 그것이 얼마나 편리함을 주는지, 얼마나 신속한지에 따라서 가격이 결정된다는 것을 잘 알고 있다. 이렇게 현대인들은 최근 수십 년 동안 과학기술주의가 닦아놓은 길을 걸어오면서 어느덧 '신속성'과 '편리성'을 가장 매력적인 가치 기준으로 두었다. 그러나 기술은 더 진보하여 이런 기존의 가치 기준을 넘어서는 기술의 새로운 패러다임을 여는 '인공지능 시대'는 현재 지구에서 가장 뜨거운 주제에 속한다. 마치 모든 것을 빨아들여서 무(無)화시키는 거대한 블랙홀과도 같은 AI는 기존의 일자리 잠식과 인간의 존엄성과 고유한 가치까지 교란시키면서 인류의 종말을 의미하는 것은 아닌지에 대한 두려움과 인간에게 매우 유용한 조력자로 남아 인류의 삶을 더 행복한 차원으로 고양시켜줄 것이라는 기대감이 교차하는 매우 당황스러운 시대에 살고 있다.

이미 1995년에 제러미 리프킨(Jeremy Rifkin)은 『노동의 종말』이라는 책에서 정보화 시대에는 수많은 일자리가 사라질 것이라고 경고

하였다. 농업의 효율성 제고를 가져다준 트랙터의 발명으로 결국 농사를 위해서 소와 말이 더 필요하지 않게 되었던 것처럼 앞으로는 사람들이 일할 것이 없어지는 사회가 된다는 것이다. 사실 그때까지만 해도 막연히 먼 미래에나 있을 일처럼 여겨졌었지만, 최근 '맥킨지 글로벌 연구소(McKinsey Global Institute)'는 2030년에 자동화 시스템과 AI 로봇으로 인해 미국 인구의 3분의 1이 직장에서 쫓겨날 것으로 전망하였다. 이는 앞으로 겨우 10년도 채 남지 않았다는 뜻이다. 또한, 8억 명 정도가 기계화로 직장을 잃게 되면서 전 세계가 경제공황 상태에 빠질 것으로도 전망하였다. 다음으로 『유엔미래보고서 2040』에 따르면,[1] 2040년에 AI 자동화로 인해 수많은 직업이 사라져서 전체 인구의 40% 정도가 노동하지 못하는 상황이 도래한다고 전하고 있다.

이러한 전망들은 결국 눈부신 과학 문명의 발달로 현대인의 생활은 이루 말할 수 없이 편리하고 윤택해지는 반면, 노동의 가치 상실과 더불어 인간다움의 가치도 빼앗겨버린다는 것을 의미한다. AI 기술이 너무나 급속하게 발전하고 있어서 인류는 이미 시작된 새로운 기술사회 시스템에 적응할 대비가 전혀 되어있지 않았다. 그렇게 되면 실직 노동자들의 생존을 책임져야 하는 사회적 부담이 늘어나며 인간의 정체성 혼란으로 지금까지와는 전혀 다른 차원의 다양한 사회문제들이 발생할 것이고, 윤리적 차원에서도 다양한 논의가 불붙을 것이다.

역사적으로 인간들은 언제나 이런 기술과 사회의 급속한 변화에는

1 유엔 미래보고서, 제롬 글렌, 테드 고든, 엘리자베스 플로레스큐 저, 박영숙 역, 교보문고, 2013.

매우 당황했고 두려워하였다. 이미 1800년대 초에 기계가 사람들의 일자리를 잠식하는 문제가 대두되었을 때, 영국의 섬유노동자들은 '네드 러드(Ned Ludd)'를 중심으로 자동방적기와 직조기를 파괴하는 운동을 일으켰다.[2] 지금도 기술의 발전에 저항하려는 낌새만 있어도 '신러다이트 운동'이라고 운운하는 것은 바로 19세기 초 영국에서부터 기원한 것이다. 1955년 미국에서도 자동차 회사 '포드(Ford)'의 노동자들은 오하이오주 브룩 파크(Brook Park)라는 도시에 있는 공장의 조립공정 자동화를 '경제계의 프랑켄슈타인'이라고 규정하면서 대대적인 저항운동을 펼쳤던 적이 있다. 그들에게 보여진 기술의 진보와 그로 인한 자동화의 문제는 오로지 실직의 두려움을 안겨주는 괴물일 뿐이었다.

물론 그동안 많은 일자리가 줄어들었지만, 이와 비교하여 더 많은 일자리가 새롭게 생겨났던 것도 사실이다. 단기적으로 보면 일자리를 잃는다는 부정적인 면이 있지만, 장기적으로 보면 손실분을 벌충하고도 남을 만한 더 많은 새로운 일자리를 창출해왔다는 것을 입증하는 경제학 논문들도 상당수에 이른다. 과거의 역사적 경험이 그렇다 쳐도 정작 핵심적인 문제는 지금까지 수많은 저항을 불러일으키는 자동화는 앞으로 다가올 AI 자동화와는 전혀 차원이 다르다는 점이다. "만약 기술의 진보와 일자리 문제가 과거와 다르게 진행된다면 우리는 어떻게 되는 것일까?" 이렇게 예상할 수도 없는, 그리고 알지 못하는

2 주동자 네드 러드(Ned Ludd)의 이름에서 비롯된 러다이트 운동(Luddites)은 1811년에서 1816년까지 영국에서 있었던 섬유 기계들을 파괴하였던 급진적인 사회운동이었으나, 지금은 산업화, 자동화, 컴퓨터화 또는 신기술에 반대하는 사람들을 의미하는 대명사가 되었다.

두려움이 미래 사회의 가장 큰 문제 중 하나다.

과거의 자동화 과정은 다음과 같은 세 단계를 거쳐 왔다. 우선 제1차 자동화 시기는 기계 시대이다. 기계는 인간의 피로를 급격히 줄여주고 노동생산성을 폭발적으로 향상시켰다. 공사장에서 흔히 볼 수 있는 굴착기나 불도저는 인간의 힘을 덜어주었고, 과거에 좁은 공장에서 수작업으로 계속 돌려야 했던 방적기는 자동화되었다.

다음으로 제2차 자동화 시기는 컴퓨터 시대이다. 소위 '3D 업종'이라는 어렵고, 더럽고, 위험한 작업을 로봇이나 드론 등이 손쉽게 처리해준다. 컴퓨터는 불필요하거나 단순히 반복되는 작업을 줄여주며, 전 세계가 네트워크를 통해 빠르고 손쉽게 처리할 수 있도록 연결해준다. 물론 제2차 자동화 시기는 계속되고 있지만, 이와 동시에 제1차 자동화 단계도 계속해서 발전하고 있다. 그러나 제3차 자동화 단계는 AI 시대이다. 과거에는 컴퓨터가 단지 인간의 명령을 수행하던 보조적인 기능을 수행하였지만, 앞으로는 다양한 환경에서 더 나은 결정을 내리는 주체로 탈바꿈하는 시기가 도래할 것이다. 빅데이터를 활용한 응용기술은 부분적이기는 하지만 이미 여러 분야에서 사용되고 있다. 동시에 과거에 의사결정의 주체였던 인간이 미래 시대에는 객체로 전락할 우려가 점점 더 커지고 있다. 과학기술 분야의 조사 기업인 가트너(Gartner)의 예측대로라면, 향후 20년간 역사상 유례없는 극심한 혼란기를 맞이할 것이다. 과거에는 인간만이 할 수 있는 영역이라고 여겼던 부분을 AI가 더 확실하고 빠르게 해낼 것이기 때문이다.

이러한 전망은 우리에게 희망과 절망을 동시에 안겨줄 것이다. 전문지식을 손쉽게 공유하고 복잡하게 뒤얽힌 상품관리와 구매에서 효율성을 극대화하면서 생산성과 효율성을 높일 수 있는 계기가 되기도 하겠지만, 분명한 점은 확실히 실직자가 많아질 것이다. 그들 중 대부분은 제1차 자동화 시대에서처럼 혹독한 고통을 겪었던 육체노동자가 아닌, 소위 '지식노동자들'이다.

3. 일자리 잠식: 소득불균형과 사회불안

과거에는 단순 반복 작업자들이나 육체노동자들이 위기를 겪었다면, 앞으로는 지식노동자들의 자동화 문제가 초미의 관심사가 될 것이다. 경영 컨설팅 기업 '맥킨지(McKinsey)'의 산하 연구조사 기관인 '맥킨지 글로벌 연구소(McKinsey Global Institute)'는 지식노동자들을 기존의 7가지 범주(교수, 경영인, 엔지니어, 과학자, 교사, 분석가, 행정지원인력)로 구분하여 2025년에는 지식 노동의 자동화 도구와 시스템이 1억 1000만에서 1억 4000만 명의 산출량과 맞먹는 업무 수준을 보여줄 것이라고 예상하였다.[3] 이렇게 '지식과 정보 조작을 업무를 주로 하는 직업인들'은 선진 경제체제의 국가와 기업에서 대략 25%에서 50% 정도 차지하는 경제와 기술 성장의 주역들이다. 그들은 새로운 상품과 기술을 개발하고 계획을 세우고 각종 전략을 고안해내는 사람들이다. 아무리 기술이 발전해도 끄떡없을 것 같았던 지식노동자들이 이제 일자리를 잃는 것을 걱정해야 하는 시대가 오고 있다.

---

3 James Manyka et al., "Disruptive Technologies: Advances That Will Transform Life, Business, and Global Economy," McKensey Global Institute, 2013.

물론 단순한 육체노동자들의 일자리는 이미 잠식당했지만, 앞으로는 더 빠른 속도로 잠식당할 것이다.

이미 서두에서 말했듯이 경제적 생산능력이 0인 사람들이 급증한다는 예견이 현실화된다면, 매우 심각한 사회문제들이 파생될 것이다. 2014년에는 스위스 다보스(Davos)에서 개최된 세계경제회의(WEF)가 연례 모임에 앞서서 이 시대를 주도하는 사상가 700명에게 설문조사를 시행하였는데, 10년 후 세계 경제가 마주할 가장 큰 문제는 '소득불균형과 그에 따른 사회불안'이라는 결론을 얻었다. 이와 관련하여 WEF의 수석경제학자 제니퍼 블랭크(Jenifer Blanke)는 "특히 젊은이들이 미래가 없다는 생각으로 인한 불만은 사회 기본구조의 와해로 이어질 수도 있다"라고 경고하였다.[4] 이때가 2014년이므로 10년이 지난 2024년쯤부터는 우리 사회가 이러한 문제를 더 실감하게 될 것이란 의미이다. 실업과 범죄의 연관성에 대한 연구도 예전보다 훨씬 더 주목받고 있다. 단지 좋은 일자리가 줄어들거나 소득이 줄어든 것이 문제가 아니라, 오로지 '직업을 갖는다는 것' 자체가 동경의 대상이 되면서 사회문제들과 이로 인한 엄청난 윤리 문제들이 대두되는 것이 사실상 더 큰 문제다.

4 Ben Hirschler, "World Economic Forum Warns of Dangers in Growing Inequality," Reuters, 2014.1.16.

4. 지식의 자동화를 막을 방법은 없을까?

그렇다면 이렇게 위험한 상황으로 내몰리는 AI의 발전을 멈추면 될 것이 아닌가? 바로 이런 입장들을 '신 러다이트 운동'에서 찾아볼 수 있다. AI 관련 기술을 연구하고 발전시키는 일에서부터 사회적인 합의를 의미하는 입법까지 전부 반대하는 것이다. 그러나 AI 기술은 지금까지와는 전혀 다른 차원에서 인간의 삶을 유익하게 해주는 측면도 있다. 복잡하고 다양한 정보들과 상품들을 신속하게 분류하고 통합하고 의사를 결정하는 데 정확하고 빠른 조력을 제공하기도 한다. 빅데이터를 활용한 마케팅, 여론파악, 정책 결정, 법률 입안 등을 비롯하여 장거리 원격진료와 수술 및 드론 배송 등 인간이 수행하기에는 거의 불가능한 영역에서 상상을 초월하는 속도로 편리성을 더해주는 것은 분명하다.

따라서 이런 효율성 때문에 정부든 기업이든 AI 기술과 산업을 응용하는 문제에 엄청난 자본과 기술을 쏟아붓고 있다. 기업의 입장에서 직원들의 휴가, 복지, 의료서비스 및 연금, 부실한 고용과 해고의 갈등같이 직접적인 생산성 향상의 문제가 아닌 부분들까지 신경 쓰지 않아도 AI 로봇이 불평불만 없이 더 정확하고 더 신속하게 처리해낸다면, 굳이 마다할 이유가 없는 것이다. 게다가 국가적 차원에서도 정치와 정책에서 AI 기술의 필요성은 두말할 것도 없지만, 군사력 부분에서도 이미 절대적인 기술로 다양하게 응용되고 있다. 따라서 국가와 기업이 AI 기술의 선점과 지속적인 발전을 경쟁력과 생존을 판가름하는 핵심기술로 파악하고 있는 한, 인류 사회는 이미 AI 기술 발전이라는 거대한 급류를 타는 뗏목에 몸을 실을 형국에 비유할 수 있다.

어떻게 해서든 그 뗏목에 우리 몸을 의존해야 하고, 이것을 놓치는 순간 생명을 장담할 수 없는 21세기 실존적 한계상황에 봉착해있다고 볼 수 있다.

5. 우리는 어디로 가야 하나?: 절망과 희망의 사이에서

지식 노동의 자동화에 대한 논쟁은 크게 두 가지로 나뉜다. 한쪽에서는 영원한 고실업률의 문제를 들고나오고, 다른 쪽에서는 새로운 일자리 창출과 사라진 일자리의 대체를 주장한다. 일론 머스크(Elon Musk)는 "AI는 인간의 실존을 뒤흔드는 가장 큰 위협이다."라고 진단하였고, 스티븐 호킹(Stephen Hawking)도 "AI의 개발은 인류의 종말을 의미할 수도 있다."라고 경고하였다. 이런 부정론자들과 달리 컴퓨터공학 분야에서 인공지능 전문가인 조안나 브라이슨(Joanna J. Bryson) 교수는 "AI는 인간이 만든 수많은 도구 중 하나이다."라고 하면서 AI의 유용성을 강조하고 통제 가능성을 낙관하였다. AI가 제아무리 인간의 능력을 앞지른다손 치더라도 그것을 만든 인간이 결국에는 이기게 되어있다는 주장을 펼치는 대표적인 낙관론자이다.

게다가 기후변화, 환경오염, 경제 동향 등 범지구적인 난제들의 해법을 AI가 제시해 줄 것으로 많은 전문가들이 기대하고 있다. 실제로 AI가 해결해야 할 정도로 복잡하고 다양한 통계수치와 예측모델을 전체적으로 운영하기란 거의 인간의 한계 밖 영역일 수도 있다. 이런 갑론을박 상황에서 에릭 브린욜프슨(Erik Brynjolfsson)과 앤드루 맥아피(Andrew McAfee)는 『제2의 기계시대』에서 '기계와의 경주'라고 부르는 이 싸움에서 우리 인간들이 이길 방법을 반드시 찾아야 한다고 하였고, 실제로 지금까지 그래왔던 것처럼 인간들은 언제나 해결 방책들을 찾아왔다.

전문가들은 지식 노동을 자동화하는 정도가 발전하면 할수록 단기적으로는 혼란과 고통이 수반되지만, 장기적으로는 생산성 향상과 투자를 포함한 엄청난 숫자의 새로운 일자리가 창출될 것이라는 식으로 두 마리 토끼를 다 잡을 수 있을 것이란 기대도 여전하다. 실제로 인류는 적어도 지금까지는 그래왔다. 하지만 앞으로는 전혀 다를 것이란 주장도 팽팽하다. 지금까지는 이 두 가지 방향의 주장 중 어느 것이 옳은지 알 수 없다. 그래서 지금은 이 두 진영의 주장 중에 어느 방향의 진단이 옳은 것인지는 상당한 사회적 논의와 합의가 필요한 시점이다.

결국, 개인이 할 수 있는 일들이 별로 많지는 않다는 점도 큰 문젯거리다. 이것은 원래 개인적 차원의 문제가 아니었기 때문이다. 천문학적인 자본으로 국가의 행정력을 동원하는 기술에 장기간 집중할 수 있는 힘을 가진 기술 선진국가와 대기업 단위의 문제였고, 그 구성원인 개인은 그저 급변하는 상황을 당황스럽게 적응해나가고 있을 뿐이다. 그 와중에 인간으로서의 정체성 혼란과 사회적·심리적 변화를 겪는 고통과 두려움이 수반될 것이다.

따라서 이런 문제의 핵심은 우선 지식노동자들이 변화하는 시대상을 자각하고, 자신의 운명에 책임을 지는 것을 강화해주는 방향으로 나아가야 한다는 점에서는 두 진영 모두 이견이 없을 것이다. AI 산업이 가져다줄 긍정적인 영향들을 찾아내고 빨리 결정하여 적응하는 것이 지금으로서는 최선의 지름길로 보인다.

그런 의미에서 AI는 '인간의 대체'가 아니라, '인간의 증강' 쪽으로 나아가야 한다. 다시 말하자면, 인간의 일자리를 기계가 대체하는 것이 아니라, 될 수 있으면 인간의 과업을 AI가 증강시켜주는 방향으로 나아가야 기계와 인간이 상부상조하는 사회가 될 것이다. 이에 따른 낙오된 계층에 대한 사회적 합의와 법률개정 및 복지 차원의 정책을 추진하는 것도 AI 기술개발 못지않게 중요하다.

한편, 교육 분야에서도 배우는 내용보다 배우는 방식을 가르치는 쪽으로 방향을 전환하고 다가오는 미래 시대를 대비할 자질을 갖춘 인재들을 길러야 한다.[5] 이 틈새에서 인간의 가치를 이 세상의 어떤 것과도 바꿀 수 없는 고유하고 소중한 존재로 인정하고, 인간에 대한 심오한 이해가 바탕인 기독교적 세계관과 삶의 방식이 아름답게 꽃피우게 될 것이다.

6. 인간의 존재의미와 윤리적 문제들

지금까지 언급한 대로 AI 시대에 인간들의 일자리가 잠식당하는 등의 문제들과 새로운 일자리 창출과 같은 유용성에 대해서는 충분히 다루었다. 하지만 문제는 노동과 일자리 문제나 사회불안에 그치지 않고 개인의 심리적 차원, 즉 자아정체성에도 문제를 일으킬 수 있다는 것이다.

5 AI 시대 인간과 일, 토머스 대븐포트, 줄리아 커비, 강미경 역, 김영사, 2017.

> "우리는 우리의 지적 능력을 통해 스스로를 정의하는 경향이 있다. 따라서 이는 개인의 정체성 문제이기도 하다. 나는 누구인가? 그런데 컴퓨터가 그 능력을 대체하고 있다. 대부분의 사람들에게 이는 끔찍한 일이며, 철학적으로 깊은 의미를 지니는 문제다."
>
> 『AI 시대, 인간과 일』 중에서

직업은 생계를 비롯하여 삶에 필요한 전반적인 요소들을 제공받는 수단으로 재정적 수입은 물론 삶의 전반에 영향을 주는 많은 의미를 가져다준다. 동료들을 통한 사회적 유대감, 목표 설정과 달성을 통한 성취감과 만족감, 규칙적인 일상을 통한 삶의 항상성 유지 등이 그것이다. 2005년 갤럽(Gallup)은 세계여론조사를 통해 주당 30시간 이상 꾸준히 일하고 수입이 있는 사람들이 그렇지 못한 사람들보다 현재와 미래에 긍정적으로 반응한다는 결론을 내놓았다. 또한, 현대사회에서 직업이 갖는 의미의 중요성은 직업이 민주, 자유, 평화, 종교 같은 가치들을 제치고 1순위에 오르는 경향성이 뚜렷하다는 점에서 찾아볼 수 있다. 따라서 일자리를 잃은 것은 수입이 없어질 뿐만 아니라 사회적 유대감과 더불어 자아정체성도 상실된다는 것을 의미한다. 실제로 실직자들이 겪는 경제적 고통과 정신적 혼란의 심각성은 거의 상식적인 문제이다.

그래서 앞에서 소개한 드라마 'The Humans'에서 호킨스 가족이 경험하듯이 우리에게 AI 시대와 더불어 엄습하는 불안감과 두려움은 어쩌면 당연한지도 모른다. 과거에는 기계가 '3D', 즉 '어렵고(difficult)', '더럽고(dirty)', '위험한(dangerous)' 일에서 인간을 해방시켰지만, 앞으로는 AI가 인간을 대신하여 의사를 결정하고, 인간이 나아가야 할 방향까지 제시한다는 점에서 인간의 고유영역이라고 여겨왔던 영역까지 넘보면서 노동자들이 이전에 상상도 못 하였던 자존감과 정체성의 위기에 내몰리고 있다. 설사 생산성 향상의 열매를 공유한다고 하더라도 새로운 기술사회시스템 안에서 의미 있게 일조하면서 인간의 가치를 유지할 방법을 찾지 못한다면, 기술진보로 인한 부수적인 것들이 인간의 가치와 의미를 궁구하는 영역, 즉 철학과 종교의 영역까지 침범해서 밑바닥부터 완전히 뒤집어 놓을 것으로 보인다.

7. AI 윤리의 필요성

2019년 8월 29일 13시 서울 서초동 변호사회관에서 '제1회 알파로 경진대회(Alpha Law Competition)'라는 이름으로 아시아 최초로 인간 변호사와 AI 변호사와의 대결이 벌어졌다. 각종 매스컴들과 언론인들이 총동원된 취재 경쟁은 과연 어느 변호사가 법을 더 잘 적용해서 정의를 실현해낼 수 있을지 얼마나 궁금했을까를 잘 드러낸다.

현대자동차의 미래 청사진에 따르면, 2025년도에 국내에서는 전기자동차 100만대가 도로 위를 달리게 된다. 『세계미래보고서 2030-2050』에 따르면 2045년을 임계점으로 AI 로봇은 스마트폰, TV, 냉장고처럼 실생활의 여러 분야에 깊숙이 관여할 것으로 예측된다. 그렇다면 스스로 판단하고 스스로 진화하는 수준의 자율주행 자동차는 도덕적 기준을 가늠하고 준수할 수 있을까? 즉, 인간을 대신하는 AI 로봇도 이렇게 의무론적 또는 목적론적 윤리 패러다임에 근거하여 올바른 윤리적 판단을 내리고, 윤리적으로 행동을 할 수 있을까?

AI 윤리는 다음 세 가지 관점에서 필요성이 제기된다. 우선 AI의 자율성 차원이다. AI는 자율적으로 자료를 수집하고, 변화하는 외부 상황에 적응해나가며, 결과를 예측하는 과정을 거치는 동안 인간의 개입과 통제 없이도 스스로 설정한 목표를 달성하기 때문에 인간과 동일한 수준의 사회규범과 윤리 패러다임을 가지고 있어야 한다. 그렇지 않으면 우리 사회에 일대 혼란이 올 것이다. 그다음으로는 인간의 두뇌를 모방한 기술이기 때문에 사고방식과 행동 양식이 인간과 매우 유사하다는 것이다. 더 나아가 AI만의 별개 지능을 구별하고 책임을 부여하는 문제가 남는다. 마지막으로 AI 기술은 상호 연결성과 범용성을 통해서 인간 사회에 미치는 영향이 지대하기 때문에 윤리적 차원에서 사회적 합의가 필요하다. 예를 들어, "자율주행 자동차는 왜 사고를 냈을까?", "정보수집과 반응 시스템에 기계적 오류일까?", "AI가 스스로 사고를 유발했을까?", "보상비용은 AI 자동차, 제조사, 소유주, AI 자동차 중 누가 책임지어야 할까?" 등의 문제는 윤리적 차원과 법률적 차원이 공존하고 있음에도 충분한 논의와 법제화가 필요한 문제이다.

8. AI 윤리 패러다임과 쟁점들

큰 틀에서 보면 윤리 패러다임에는 우선 의무론적 윤리 패러다임으로 인간의 행위의 당위성에서 출발한다. 예를 들어, "살인하지 말라", "도둑질하지 말라" 등 기독교의 십계명은 하나님의 절대명령이기 때문에 인간이라면 무조건 따라야 한다는 의무가 있다. 특히, 칸트(Immanuel Kant, 1724~1804)가 의무론적 도덕철학을 발전시켰는

데, 오로지 인간의 '선의지(der gute Wille)'만이 무조건적·무제약적으로 선하며, 항상 옳다고 보았다. 그러나 이것은 객관적인 실천 법칙으로 따르려는 의지일 뿐, 현실에서 언제나 선하게 행동으로 표출되는 것은 아니다. 따라서 실천 법칙들은 선의지에게 명령 형태로 나타나고, '옳다'는 당위성(의무)으로 주어진다. 이것이 바로 칸트가 말하는 '정언명령(categorical imperative)'이다. 선의지로 주어진 당연한 것을 행동으로 옮겨야 한다는 것이다.

또 다른 관점에서는 목적론적 윤리 패러다임이 있다. 의무론이 도덕적 행위의 출발점(의도)에 초점이 있다면, 목적론은 그 행위의 종착지(결과)에 집중한다. 이런 관점에서 가장 잘 알려진 것이 바로 '공리주의(utilitarianism)'로 결과주의 윤리 이론이다. 이때 '선하다', '올바르다'라는 기준은 항상 '최대 다수의 최대 행복(the greatest happiness of the greatest number)'을 가져다주느냐에 달려있다.[6]

이런 논의를 바탕으로 살펴보면, AI 윤리적 담론의 방향은 우선 의무론적 윤리 패러다임 범주에서 이루어지고 있다는 것을 알 수 있다. "AI는 OO해야 한다." 또는 "AI는 OO하지 말아야 한다."라는 방식으로 요약되는 AI 윤리는 전통적으로 아시모프(Issac Asimov)가 『Run Around(1942)』에서 로봇에게 제시한 다음의 세 가지 원칙들에 기반한다.

① 로봇은(AI는) 사람을 해치지 말아야 한다.

② 로봇은(AI는) 인간의 명령에 복종해야 한다.

6 한국기독교윤리학회 편, 기독교 윤리학 개론, 대한기독교서회, 2018.

③ 위 두 원칙에 어긋나지 않는 선에서 로봇은(AI는) 자신을 보호할 권리가 있다.

그다음으로는 AI 자체보다 AI 알고리즘을 설계하는 엔지니어 쪽으로 초점이 이동하면서 인간의 윤리적 책무를 강조하는 경향이 있다. 이미 2017년부터 우리나라(카카오 알고리즘 윤리헌장/지능정보사회 윤리 가이드라인)를 비롯해서 미국(Asilomar AI 원칙/AI와 인권), 일본(전문가를 위한 인공지능 가이드라인), 독일(자동화 및 네트워크화된 자동차에 대한 윤리규범), EU(인공지능에 대한 윤리 지침)와 OECD(인공지능 OECD 원칙)에서 'AI 윤리헌장'이라는 틀 속에서 활발하게 논의되고 제정되었다.[7]

아울러 개인정보수집과 처리 문제, 사생활 보호 문제 등도 심각한 문제이다. 2018년 5월 미국 오리건의 대니얼 부부의 대화가 아마존 에코에 녹음되어 지인에게 전송되는 사건처럼 개인의 정보가 유출되는 기술적인 문제와 더불어 법적·윤리적 문제까지 예상되는 여파는 매우 광범위하다. 이미 가정마다 보급된 인터넷을 통해 개인금융 정보를 빼낸다든지 TV 리모컨 대신 음성 인식 기능을 지닌 '아리'나 '지니' 등에 도청기능을 숨겨놓는다면, 국가적 차원의 통제나 범죄에 쉽게 노출될 위험성이 있다. 더 나아가 AI 시대에 정보수집과 판단기능을 AI 가전제품이나 AI 자동차나 호킨스 가족처럼 AI 로봇과 더불어 살게 된다면, 이러한 문제들은 매우 심각한 사회 문제화될 것이다.

또한, 지금도 전자기기나 컴퓨터 등 디지털 영역에 쉽게 접근하지

7 AI 시대 내 일의 내일, 노성열, 동아시아, 2020.

못하는 '디지털 빈곤층'이 존재한다면, 앞으로는 'AI 빈곤층' 문제도 사회문제의 하나가 될 것이다. 어떤 사람들은 AI를 활용하여 주식에 투자하거나 사업을 위한 경기 동향을 예측하지만, 다른 사람들은 전혀 접근하지 못하면서 빈부의 격차는 점점 더 벌어질 것이다. 또한, AI의 자문을 받아 주식에 투자하였다가 손실을 보면, 그 책임을 둘러싼 윤리적 문제와 더불어 법적 공방도 예상할 수 있다.

물론 이런 쟁점들은 항상 법제화 문제를 수반하지만, 아직까지 이런 모든 윤리적 차원의 논의는 의무론적 윤리 패러다임의 범주에서 이루어지고 있다. 그러나 향후 목적론적 패러다임으로까지 윤리 원칙이 더 확장되어야 한다는 점에서 아직 논의의 여지가 많이 남아있다.

|1| 실업률과 범죄는 서로 연관성이 있는가?

|2| 소득이 높으면 사회적 불만이 줄어드는가?

|3| 직업이 없으면 어떤 문제들이 생겨나는가?

2장 참고문헌

- 토머스 대븐포트/줄리아 커비, 『AI 시대 인간과 일』, 강미경 역, 김영사, 2017.
- 노성열, 『AI 시대 내 일의 내일』, 동아시아, 2020.
- 에릭 브린욜프슨, 앤드류 맥아피, 『제2의 기계시대』, 이한음 역, 청림출판, 2014.
- 『기독교 윤리학 개론』, 한국기독교윤리학회 편, 대한기독교서회, 2018.
- Ben Hirschler, "World Economic Forum Warns of Dangers in Growing Inequality", Reuters, 2014.1.16.
- 유튜브, "the Humans"(10분 02초).
- 소위 "데이터 3법"에 대한 반대는 신종 "러다이트운동"일까?, 시사IN, 2010.1.28.

3장

AI와 정의

1. AI와 인간의 관계

AI 시대 사회의 정의(Justice)란 무엇인가? 인공지능의 발전과 활용은 우리의 삶을 편리하게 해줌과 동시에 스스로 발전하는 AI의 인간에 대한 지배와 킬러로봇 등의 등장에 따른 위험성을 발생시키게 되었다. AI로 인한 삶의 편의성과 위험성이 공존하는 AI 시대는 인간과 인공지능이 공존하는 시대로서 수많은 정책과 법 제도의 변화를 수반하여 엄청난 제도적 혼란과 충돌 현상이 초래될 수밖에 없다. 따라서 현대 사회인으로서 생활을 영위하고 사회에서의 활동을 지속하기 위해서 인간과 인공지능의 공존을 위한 새로운 사회질서와 정의의 재확립에 따라 새롭게 구성될 윤리와 법 제도에 대한 지식 습득이 필요한 시기가 다가오고 있다.

'AI와 정의'에 대한 문제는 사회질서와 제도의 재편성 측면에서 합

그림 3.1_ AI와 인간의 관계
자료: 셔터스톡, Blue Planet Studio

목적적 정의에 대한 개념의 정립을 필요로 하게 되었다. 이는 AI 시대의 '정의란 무엇인가?'에 대한 문제이다. 'AI 시대의 인간과 AI의 공존윤리, AI와 인권, AI 시대의 합목적적 도덕, AI 시대의 정의론적 법제도, 인간과 AI의 공존을 위한 새로운 사회질서와 제도' 전반에 있어서 AI 사회를 살아가는 우리에게 새로운 변화의 화두를 던지고 있다.

'제4차 산업혁명 시대로 명명되는 AI 시대'로의 변화과정에서 인간생활의 모든 영역에 자리를 차지하게 된 AI로 인한 도덕, 윤리, 법 제도의 변화에 따른 새로운 사회질서와 법 제도의 패러다임과 새롭게 형성된 법 제도의 적용은 기존의 사회질서에 충돌하는 새로운 정의개념의 형성을 요구하고 있다.

AI 시대는 우리의 삶의 양태와 사회제도에 수많은 변화를 초래하면서 이 시대를 살아가는 우리 인간의 의식변화를 요구하고 있으며, AI가 우리의 삶의 다양한 영역에 자리를 잡으면서 AI 기술과 인간의 상호공존을 위한 새로운 사회 공동체질서의 형성을 위한 정의개념의 재확립이 필요하다.

정보통신기술(ICT), 사물인터넷(IoT), 빅데이터(Big Data), 인공지능(AI)의 융합으로 인공지능 로봇, 인공지능 자율주행 자동차, 인공지능 드론 등으로 대표되는 AI 시대는 한 분야의 전문가가 사회적 능력을 발휘하는 시대가 지나가고, 다양한 분야의 정보기술에 대한 이해도와 습득능력이 높은 사람이 더 큰 사회적 역량을 발휘하는 시대로 변화하고 있다. 정보의 습득능력이 높은 사람이 더 많은 정보의 보유자가 되어 사회를 주도하는 정보의 엘리트가 됨으로써 사회를 좌지우지할 수 있는 상황이 올 수도 있는 것이다. 이러한 상황이 정보격차라는 사회적 문제를 초래하여 정보격차로 인한 사회적 명예와 지위, 사회적 빈부격차, 사회적 상하계층의 형성으로 수많은 사회 갈등의 요인이 될 수 있다.

'AI 시대 및 제4차 산업혁명 시대'로의 변화과정에서 인간 삶의 모든 영역에 자리를 차지하게 된 AI로 인한 도덕, 윤리, 법 제도의 변화는 새로운 사회질서의 형성으로 이어지고 있다. 사회질서의 재편에 따른 법규범 및 법 제도 패러다임의 변화와 새로운 정의개념에 관한 이해가 기반이 될 때 우리 개개인이 인공지능사회에서의 일원으로 사

표 3.1_ 인공지능의 단계

단계	특징
약한 인공지능 (Weak AI)	■ 인간을 보조하는 수준의 인공지능 ■ 기존의 인간 지능으로만 가능했던 작업을 인공지능으로 처리 ■ 특정 분야에서만 활용할 수 있으며, 특정 업무 처리에 특화된 단계 ■ 알고리즘과 기초 데이터의 활용 ■ 입력한 규칙을 바탕으로 학습이 가능 ■ 규칙을 벗어난 창조는 불가능
강한 인공지능 (Strong AI)	■ 다양한 분야에서 보편적으로 활용 ■ 약한 인공지능에 독립성과 자아, 정신, 자유의지 등이 추가 ■ 인간급의 지능은 물론이며, 심지어 감성을 이해할 수도 있는 인공지능 ■ 알고리즘을 설계하면, AI가 스스로 데이터를 찾아 학습 ■ 정해진 규칙을 벗어나 능동적으로 학습
초인공지능 (Super AI)	■ 지각과 인식능력, 자유의지를 가지고 인공지능이 스스로 진화를 거듭할 수 있는 단계 ■ 인공지능과 인간의 결합이 가능한 단계 ■ 인공지능 로봇에 유전자기술과 나노기술이 결합하여 로보-사피엔스의 출현을 예상

자료: 인공지능(AI) 법과 공존윤리, 한의원, 박영사, 2018.

회생활과 활동을 할 수 있게 될 것이다.

AI 사회의 일원으로서 새로운 법규범과 정의개념의 이해와 학습은 우리 사회를 초지능(Super AI) 선도국가로 변화하게 할 것이며, 인공지능 소프트웨어 강국으로 발전할 수 있도록 도와줄 것이다.

AI 시대는 새로운 윤리와 법 제도의 준수를 요구하며, 사회 개별영역에 침투한 인공지능으로 인한 사회제도의 변화는 사회공동체 구성원들 간의 갈등과 충돌을 해소하기 위한 새로운 정의개념의 재확립으로 나타나고 있다. 이러한 변화와 함께 인간과 AI가 공존하는 AI 사회에서의 합목적적 정의, 합목적적 법 제도로의 변화에 따른 AI 시대의 현대 사회인으로서 새로운 정의개념에 대한 이해는 필수적이다.

인간과 AI의 상호공존 목표하에 새로운 윤리와 법 제도의 형성을 위한 우리 인간의 노력은 끊임없이 이어지고 있다. 급속히 변화하는 AI 시대의 새로운 도덕과 윤리, 법 제도에 관한 정의의 재확립문제는 AI 시대와 향후 다가올 초지능 인공지능(Super AI) 시대에서의 인간과 인공지능의 공존을 위한 시대적 담론을 이끌어내고, 새로운 정의의 합리적 개념의 설정과 법 제도화로 이어지고 있다. AI 시대에서의 정의개념의 재확립은 AI 시대의 현대 시민이 사회와의 원활한 소통과 역할을 수행하게 함으로써 인간과 AI가 공존할 수 있게 할 것이다.

2. AI가 새로운 권리와 법적 책임의 주체가 될 수 있는가?

2-1 AI 시대로의 변화

AI는 수많은 데이터의 조합과 알고리즘 및 프로그램의 융합으로 인간의 지적 능력과 동일하게 또는 더 나은 지적 능력으로 진화하고 있다. 인공지능의 사용은 우리의 생활과 업무에서 획기적 변화를 초래하고 있으며, 인공지능의 활용이 특정 사회집단이나 국가의 경쟁력이 되는 사회로 변화하고 있다.

인공지능은 AI 로봇, AI 자율주행 자동차, AI 드론 등으로 우리가 쉽게 인지할 수 있는 영역에서 나아가 수많은 분야에서 활용되고 있다. 인공지능의 활용은 우리의 삶의 질을 개선하고 산업을 획기적으로 발전시킬 수도 있지만, 스스로 판단하고 자가발전하는 인공지능의 인지능력은 인간 사회의 위험요인이 될 수도 있다.

인공지능 기술은 로봇, 자율주행 자동차, 드론, 소프트웨어시스템 등과 같이 다른 기술과 융합되어 점점 진화하는 디지털기술을 구현할 수 있게 한다. 인공지능은 현재 기본적 인지 단계에서 시작하여 학습 및 추론이 가능한 단계에 이르고 있으며, 미래에는 스스로 문제를 발견 및 진단하고 스스로 해결하며 자율적으로 판단 및 행동하는 단계에까지 이를 것으로 예측하고 있다.[1]

우리가 일상생활에서 쉽게 접하는 인공지능 기술로는 스마트폰의

1 인공지능 관련 법·정책에 대한 연구, 채은선, 이나리, 박선주, 한국통신학회, 2018.

내비게이션이 있다. 인공지능 내비게이션이 실시간 도로 사정을 분석하여 도착지까지 시간의 예측과 단거리 경로 및 선호도가 높은 경로 등을 안내하여 쾌적한 운전이 가능하도록 하고 있다. 이외에도 인공지능 기술이 접목된 생활용품으로서 스마트폰, 스피커, TV, 세탁기, 냉장고 등이 우리의 다양한 생활영역에서 적용되고 있으며, 인공지능 서비스 로봇이 서빙을 하는 커피숍, 인공지능 업무수행 비서 로봇, 인공지능 안내 로봇, 인공지능 요양보호사 로봇 등 실제 다양한 업무영역까지 적용되고 있다. 이러한 변화는 스마트 홈, 스마트 시티, 스마트 국가를 구축할 수 있게 하고 있다.

2-2 AI에 대한 권리능력 부여의 문제

인공지능 로봇, 인공지능 자율주행 자동차, 인공지능 드론, 인공지능 치명적 자율무기 등의 등장과 함께 인공지능의 실생활과 업무영역에서의 사용은 인공지능의 자율적인 잘못된 판단에 따른 행위가 사고와 오류를 발생시켰을 때 책임소재를 누구로 할지의 문제를 야기하게 되었다. 인공지능의 잘못된 판단으로 타인에게 손해를 입히거나 물질적 손실을 일으켰을 때, 법적 책임과 위험성의 부담을 누가 질 것인가의 문제로서 인공지능에 대한 권리능력 부여가 가능할지의 문제가 제기되었다.

현행법상 권리능력의 부여가 가능해야, 즉 권리능력이 인정되어야 법적 책임과 위험성에 대한 부담이 가능하다. 법률상 자연인인 사람은 당연히 권리·의무의 주체가 되고 법적 책임과 위험성에 대한 부담이 인정된다. 사회가 발전하면서 단체가 만들어지고, 기업이 발전하게 되자 단체와 기업의 법적 책임과 위험성의 부담문제가 발생하였다. 단체와 기업의 법적 책임과 위험성의 부담은 '법인'이라는 용어의 탄생으로 해결하게 되었다.

법인은 자연인과 같이 권리·의무의 주체가 될 수 있도록 법으로서 사람에 준하는 권리·의무의 주체로 인정한 단체나 기업을 의미한다. 법인에는 사단법인과 재단법인이 있다. 사람이 구성원이 되어 이루어진 단체를 사단법인이라고 하며, 일정한 목적하에 재산을 형성하여 이루어진 단체를 재단법인이라고 한다.

사단법인은 비영리사단법인과 영리사단법인이 있으며, 비영리사단법인은 협회, 학회 등의 형태로 구성이 되어 영리를 추구할 수 없고 민법에 따라 규율된다. 영리사단법인은 회사를 의미하며 영리를 추구할 수 있고 상법에 따라 규율된다. 재단법인은 자산을 투자하여 이루어진 단체로서 예를 들어, 과학발전을 위한 과학기술재단, 장학금 수여를 위한 장학재단 등의 형태로 이루어진다.

자연인과 법인인 사단법인과 재단법인은 법률상 권리의 주체이자 의무의 부담주체가 되며, 사고에 대한 법적 책임의 주체이자 위험부담의 주체가 된다. 그런데 자연인도 법인도 아닌 인공지능이 과연 권리·의무의 주체가 될 수 있는지, 법적 책임과 위험부담의 주체가 될 수 있는지 문제가 제기된다. 인공지능에 의한 사고와 사회적 위험에 대해 어떠한 법적·사회적 책임을 지울지 그리고 과연 가능할지에 대해 아직 논의가 진행 중이며, 법 제도화가 미비한 상황이다.

법률은 어떠한 법률적으로 의미 있는 행위에 대해서 법적 책임을 부과하고 있다. 이는 권리의 주체성이 인정되어야 법적 책임의 부과가 가능함을 의미한다. 인간에 의해 만들어진 인위적 존재인 인공지능에 권리의 부여가 가능한가, 즉 법적 인격의 부여가 가능한가의 문제가 해결되어야 인공지능의 권리주체성이 인정될 것이다. 법인도 사회적 편의상 법인격을 부여하였는데, 과연 AI에게도 사회적 편의로 법인격을 부여할 수 있는가라는 문제가 제기된다. 법인격을 부여할 수 있으면 권리·의무의 주체가 되며 당연히 법적 책임과 위험성 부담의 주체가 되는 것이다.

우리 인간이 권리·의무의 주체로 인정되었던 이유는 인간의 자유의지, 즉 합리적 이성을 가진 자율적 판단능력에 근거를 두고 있다. 따라서 인공지능도 자율적 판단이 가능하고 인공지능의 빠른 발전을 고려하였을 때, 인공지능 스스로 자유의지의 보유가 가능할 것이다. 인공지능의 의사판단 자율성을 인정하면, 인공지능에 대해서도 권리·의무의 주체성, 즉 법인격의 부여가 가능할 것이다.

2-3 AI에 대한 권리주체성의 인정

인공지능이 상용화되고 있는 현시점에 법인격개념을 확장하여 인공지능에 권리·의무의 주체성을 부여하여 법적 책임과 위험성을 부담하지 않는다면, 인공지능으로 인한 사고와 사회적 위험성에 대해 누가 책임을 질 것인지의 사회적 문제가 발생하게 된다. 자유의지와 자율적 판단을 할 수 있는 인공지능에 대해 권리주체성을 인정하지 않는다면, 인공지능으로 인한 사고와 법적 책임 부분에서 엄청난 사회적 혼란이 야기될 수밖에 없다.

그러나 인공지능의 자율성은 인공지능에 프로그래밍 된 알고리즘에 의해 설계된 자율성(built-in autonomy)을 의미하기 때문에, '완전한' 자율성을 가지는 것은 불가능하다는 견해도 존재한다.[2] 즉, 인공지능에 권리능력을 부여하는 것의 문제는 특정한 판단의 상황에서 인공지능에 해당 문제의 해결이 과제로 주어졌을 뿐이지, 그러한 문제를 해결해야 할 동기나 욕구가 존재하지 않기 때문에 욕구를 충족시키기 위한 자유의지에 따른 행동이라고 볼 수 없다는 것이다.[3] 이러한 견해에 따를 때는 인공지능에 자연인 또는 법인과 같은 권리주체성을 인정할 수 없게 된다.

현행법률상 인공지능은 무형의 프로그램으로 지식재산권의 대상이 될 수 있으며, 인공지능을 탑재한 로봇은 물건이므로 소유자에게 권리주체성이 인정되고 인공지능 로봇은 권리의 객체가 될 수 있을 뿐이다.

인공지능의 권리주체성에 대한 논의문제로서 인공지능이 행한 행위로 인해 사고나 손실이 발생하였을 경우 법적 책임을 물을 수 있는 상황이 발생할 수밖에 없으며, 자율적 판단에 개입하지 않은 소유자에게 법적 책임을 물었을 경우 인공지능 로봇의 소유자는 자신의 행위가 아닌 행위에 대해 책임을 진다는 결과로 이어진다. 인공지능이 인간과 유사한 지적 능력을 가짐으로써 자유의지에 의해 자율적 판단을 하는 경우 인간의 개입이 인정되지 않기 때문에 인공지능의 행위에 대한 법적 평가와 법적 책임 부여의 문제에 있어서 새로운 법이론 및 법 제도의 구성이 필요하다.

인공지능의 자율적 판단에 따른 책임은 인공지능이나 인공지능이

2 인공지능 로봇에 의한 손해의 불법행위책임, 지능정보사회 법제도 정립방향 심층분과 보고서, 오병철, 한국정보화진흥원, 2018.

3 인(人) 이외의 존재에 대한 법인격 인정과 인공지능의 법적 지위에 관한 소고, 이경규, 인하대학교 법학연구소 법학연구 제21권 제1호, 2018.

장착된 로봇을 만든 제조자가 책임지기 어렵고, 소유자나 이용자가 책임지기도 어려우므로 인공지능의 판단으로 인해 누군가에게 손해가 발생한 경우 그로 인한 피해에 대해 법적 책임의 귀속 주체를 정할 필요가 있다.[4] 앞으로 인공지능에 의한 사고나 손실이 발생하면, 인공지능 자체에 법적 책임을 인정할 필요성이 다수 발생할 수 있다.

우리 민법상 자연인인 사람과 법인에만 권리능력을 인정하고 있다. 자연인은 자유의지를 가진 존재로서 자율적 판단능력에 근거하여 권리능력이 선천적으로 부여가 된 것이며, 법인의 경우는 사회적 거래의 책임 문제와 위험부담의 문제해결을 위하여 사회 정책적으로 인정을 한 것이다.

따라서 새롭게 등장한 인공지능 또는 인공지능을 탑재한 로봇의 경우에도 법적 권리주체성을 인정해야 할 입법정책적 필요가 있다. 이 경우 자연인과 동일한 권리주체성은 인정될 수 없지만, 법인과 유사한 정도의 제한적 법인격 부여를 통해 인공지능에 의한 사고나 손실 발생의 책임이나 위험부담의 문제를 해결할 수 있을 것이다.

3. AI와 정의

인공지능은 인간에 의해 통제되는 단순한 기계가 아니다. 정의란 인

4 인공지능에 대한 민사책임 법리, 정진명, 한국재산법학회 재산법연구 제34권 제4호, 2018. / 인공지능(AI) 시대의 법적 쟁점에 관한 연구, 장민선, 한국법제연구원 연구보고서, 2018.

간이 사회공동체에서 추구하는 진리에 맞는 올바른 도리로서 바르고 곧은 이치라고 할 수 있다. 인간이 사회공동체 내에서 생활을 영위하고 활동함에 있어서 당연히 준수하고 따라야 할 보편타당한 도리 및 규범의 총체를 의미할 수 있다. 정의는 도덕, 윤리와 제도적 측면에서 올바른 도리로서의 공정을 의미한다.

아리스토텔레스는 정의란 각자의 소유를 인정하고, 법이 정하는 바대로 행위를 하는 것이 미덕이며, 타인의 재물을 훔치거나 법을 위반하는 행위는 부정의로 구분하면서 배분적 정의와 교환적 정의로 구분하였다.

배분적 정의는 권리의 향유, 납세의 부담 등과 같이 공적 사회생활을 규제하는 질서의 근본이념으로서 단체와 그 구성원 또는 국가와 국민의 관계에서 상호 권리·의무의 부담을 통해 사회의 공존이 가능하도록 비례적으로 조화시키는 이념이다. 이와 대비하여 교환적 정의는 사고에 있어서 손해배상 또는 물건거래와 같은 유상계약에서의 급부와 반대급부의 부담 관계와 같이 사생활 전반을 규제하는 사회질서의 근본이념으로서 개인 대 개인 사이의 동등한 대가적 교환을 내용으로 하는 정의개념이다.[5]

인간공동체에서 사회의 구성원으로서 생활을 영위하고 활동하기 위해서는 서로 간의 갈등과 충돌의 방지와 안정적인 삶의 유지를 위한 윤리와 법질서가 필요하다.

인공지능의 등장은 인간 사회에서 윤리와 법질서의 기본이 되는 정의개념의 새로운 변화를 요구하고 있다. 인공지능 로봇이 자유의지를

5 네이버 지식백과, 이병태, 법률용어사전, 2016.1.20.

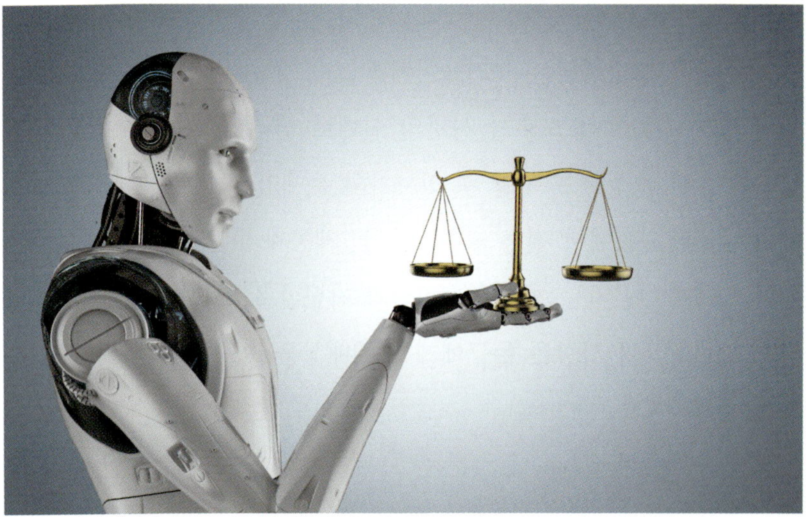

그림 3.2_ AI와 정의
자료: 셔터스톡, Phonlamai Photo

가지고 자율적 판단에 기초해서 우리 인간의 행위를 대리하거나 인공지능 스스로 행위를 해나간다면 어떠한 윤리·법 제도적 기준에 의해 인공지능의 행위를 제어 및 규제할 것인가의 문제가 제기된다. 이러한 인공지능의 행위에 대한 제어 및 규제의 수단은 새로운 윤리적·법적 질서의 정립이다.

영화 '그녀(Her, 2013)'에 등장하는 인공지능 '사만다'는 3천 명이 넘는 사용자와 사랑을 나누면서 각 개인에게는 일대일로 대화하는 것처럼 행위를 한다. 가상의 존재로서 인공지능 프로그램인 사만다는 목소리만 있는 무형의 존재이지만, 인간의 사랑의 대상이 되기도 한다. 또한, 영화 '엑스 마키나(Ex Machina, 2015)'에 등장하는 '에이바'는 인간만이 가진 속임수와 기만의 수단을 활용하여 자기 목적을 달성하기 위해 거짓말을 한다. 인공지능 에이바는 이러한 속임수와 기

만으로 자신의 목적을 달성하기에 이른다.[6]

영화 속에서 발생하는 사건들이지만 인공지능 사만다의 사랑의 대상인 대필 작가 테오도르가 사랑의 실패로 심리적 피해를 보았다면, 누구에게 그 보상을 요구할 수 있는가의 문제가 발생한다. 인간 사회에서는 결혼생활에서 결혼 파탄의 원인 제공자가 위자료를 제공하게 된다. 또한, 인공지능 에이바의 기만과 거짓말로 피해를 보게 되는 사람이 있다면, 이 사람은 누구에게 손해배상을 요구해야 하는지의 문제가 발생한다.

2015년 7월 미국 뉴욕에 사는 한 프로그래머가 자신의 흑인 여자 친구를 고릴라로 인식한 구글 포토서비스의 오류를 비난한 사건이 큰 주목을 받은 사례가 있다. 구글은 즉시 이 사건에 대해서 사과하고 결함을 수정하였지만, 인공지능의 사소한 실수가 큰 사회문제가 될 수 있음을 여실히 보여주었다. 인공지능 소프트웨어 개발자로서는 아주 사소한 오류라고 생각할 수 있는 문제도 때로는 인종차별의 사회적 문제가 될 수 있는 것이다.

AI 시대는 이러한 문제해결의 수단이 되는 윤리적·법적 정의개념의 새로운 확립과 인공지능과 인간의 관계설정을 어떠한 체계로 구성할 것인가의 문제가 중요하다. 인공지능의 윤리와 법적 책임 문제의 기반이 되는 정의의 기준은 인공지능 사고시스템에 대한 '합리적 알고리즘'의 제공과 인간과 같은 '숙의적 추론시스템'의 구축이 기본이 될 수 있다.

'합리적 알고리즘'은 사회생활의 다양한 상황이나 인간관계에서 발생하는 윤리적 판단데이터의 축적과 제공을 통해 구성되는 것이며,

6 왜 지금 인공지능 윤리를 논의해야 하는가?, 한상기, 2016.5.11.

'숙의적 추론시스템'은 인공지능의 윤리기능 활성화를 위한 빅데이터 및 다양한 알고리즘의 제공을 통해 '숙의적 추론시스템'이 구성되는 것이다.

인공지능이 정의로운 도덕적·윤리적 판단을 내리고, 인공지능의 행위가 사회의 보편적·윤리적 법적 질서 속에서 합리적으로 이루어지려면, '합리적 알고리즘'의 제공과 '숙의적 추론시스템'의 형성은 필수적이다.

인공지능의 자율적 판단을 가능하게 하는 자료는 주어진 데이터와 알고리즘이며, 마지막 판단의 부분에서 알고리즘에 기초하여 판단을 내리게 될 것이다. 이념이나 성향이 어느 한쪽에 치우쳐진 데이터와 알고리즘에 기초하여 학습을 수행하고 판단을 하게 되는 인공지능은 사회에 엄청난 손실과 위험성을 가져올 수 있다. 어느 한쪽으로 편향된 데이터와 알고리즘에 의해 학습이 수행된 인공지능 판사, 인공지능 변호사, 인공지능 의사의 판단은 아무리 잘 만들어진 데이터와 알고리즘을 사용한다고 할지라도 편향되거나 잘못된 판단을 내릴 수밖에 없다.

인공지능이 사회의 보편성에 근거한 정의로운 윤리적 판단을 내릴 수 있게 하려면, AI 시대로 변화된 사회의 현실을 반영한 합목적적 정의기준의 설정과 실제 현실의 인간 사회에서 벌어지는 다양한 윤리적 판단의 상황과 같은 복잡하고 다양한 환경을 만들어 인공지능의 학습이 가능하도록 해야 한다.

4. AI와 법적 책임

인공지능 자율주행 자동차가 정속주행하고 있을 때에도 잘못된 판단을 내리게 되면 자동차와 사람에게 심각한 영향을 줄 수 있다. 인공지능의 사회적 활동은 다양한 분야에서 윤리적 문제와 법적 책임의 문제를 일으킬 수 있다.

인공지능 무인 자율주행 자동차의 교통사고 시에 법적 책임은 누구에게 있는가의 문제는 우리 현행법 체계에서 큰 혼란이 있을 수 있다. 이는 우리나라뿐만 아니라 아직 인공지능 자율주행 자동차와 관련한 법체계가 정비되지 않은 다양한 나라에서도 마찬가지라고 할 수 있다.

2016년 2월 14일 구글의 자율주행 자동차가 미국 캘리포니아에서 처음으로 사고를 내었는데 충돌 당시 추돌버스의 주행 속도는 약 시속 24km, 구글의 자율주행 자동차는 시속 3km로 달리고 있었으며,

그림 3.3_ 구글 무인자동차
자료: 구글

단순접촉사고에 그쳐서 큰 사회적 문제가 되지는 않았다. 구글이 매달 자율주행 자동차와 관련한 교통사고를 모아서 보고하고 있으며, 그동안 십여 건의 사고가 있었지만, 자율주행차가 사고의 원인이 된 것은 당시가 처음이었다. 구글의 인공지능 자율주행 자동차와 버스가 충돌한 사고경위서를 따르면, 충돌하기 약 3초 전 자율주행차량 시스템과 차량에 타고 있던 구글 직원 모두 왼쪽에서 버스가 접근하고 있었다는 것을 알고 있었다고 한다. 인공지능시스템과 담당자 모두 버스가 속도를 줄일 것으로 예상한 것이 사고의 원인인 셈이다. 구글은 사고 이후 "차량이 움직이지 않았을 경우 사고가 일어나지 않았을 것이기 때문에 이 경우 우리에게 일부 책임이 있다."라며 사고의 책임을 인정하였다.[7]

구글의 인공지능 자율주행 자동차의 사고와 같은 단순접촉사고의 경우 큰 사회적 문제가 되지 않았지만, 이 사고 이후 자율주행 자동차의 안전성 문제에 대한 논의가 본격적으로 시작이 되었다.

인공지능 자율주행 자동차의 사고에 의해 발생할 수 있는 책임 문제는 운전자 과실과 제조자 과실, 인공지능의 과실을 들 수 있다. 제3자의 차량에 의한 사고도 예상되지만, 운전자 과실이나 제조자 과실에 대한 책임논의와 같이 동일하게 처리될 수 있다. 운전자 과실에서 보면, 기본적으로 운전자는 「도로교통법」상 주의의무를 지게 된다. 인공지능 자율주행 자동차에서의 운전자는 자연인인지, 아니면 인공지능 차량 자체인지 확인되지 않는다. 앞으로는 궁극적인 인공지능 자율주

7 구글 자율주행차, 첫 사고 기록…"책임 인정", BLOTER, 2016.3.2., https://www.bloter.net/newsView/blt201603020003.

행 자동차의 모습은 인간이 운전에 완전하게 관여하지 않는 모습으로 나타날 것이다.[8]

자율주행 자동차의 사고 시 인공지능 자율주행 시스템은 자율주행 자동차 탑승자의 보호와 도로 보행자의 보호 중 어느 쪽을 우선할 것 인지의 문제도 사회적으로 해결이 어려운 난제이다.

인공지능 자율주행 자동차로 발생한 일반적 사고의 손해에 대해 자동차 제조자와 소프트웨어 개발자 등은 연대책임을 질 수 있으며, 손해배상의 경우에 있어서 누가 더 책임을 질 것인가의 부분에서 구상권 행사를 위해 쌍방은 사고의 원인제공에서 어느 부분에 더 책임이 있었는지 책임소재를 다투게 될 것이다. 따라서 인공지능 자율주행시스템인 소프트웨어에 대한 제조물책임에 대한 법 제도의 정비가 필요하다. 또한, 인공지능 자율주행 자동차에서 사람이 개입될 여지가 있는 부분에 대해서는 사람의 판단에 따른 역할 부분에 책임을 부과할 수밖에 없다. 사람이 운행의 감시 및 제어에서 어떠한 역할을 했다면 운행의 감시 및 제어에 근거하여 관리자책임을 져야 한다. 이는 인공지능 자율주행 자동차에 탑승한 운행자에게 책임을 물을 수 있는 이유이다.[9]

일반적으로 자율주행 자동차의 운전 또는 조작에 있어서 사람이 개입하여 운행의 감시 및 제어를 수행한 경우에는 탑승한 운행자에게 책임을 부과할 수 있으며, 자율주행 자동차의 인공지능 자율주행시스

8 인공지능(로봇)의 법적 쟁점에 대한 시론적 고찰, 김윤명, 한국정보법학회 정보법학 제20권 제1호, 2016.4.

9 지능형 자율주행차의 법률 문제, IT DAILY, 2016.6.1., http://www.itdaily.kr/news/articleView.html?idxno=78935.

표 3.2_ 인공지능 자율주행 자동차의 발전단계

단계	기능 및 수준
0단계	■ 비자동화 ■ 운전자 조작으로 운전
1단계	■ 낮은 단계의 자율주행 ■ 운전자 지원 감시 및 제어 ■ 크루즈 컨트롤, 긴급제동, 차선 강제 유지작동
2단계	■ 낮은 단계의 자율주행 ■ 2개 기능 이상의 부분 자동화, 복수의 주행기능 융합보조 ■ 스마트 크루즈 컨트롤, 차로 유지기능
3단계	■ 조건부 단계의 자율주행 ■ 인공지능 자율주행시스템이 운행의 감시 및 제어 ■ 자율주행 모드와 운전자 감시 및 제어 상호변경 가능 ■ 위험 발생 시 운전자 개입 필요
4단계	■ 높은 단계의 자율주행 ■ 시스템이 정해진 도로와 조건하에 운전 ■ 운전자 개입 불필요
5단계	■ 완전 자동화 단계의 자율주행 ■ 시스템이 모든 도로와 조건하에 운전 ■ 운전자 개입 불필요

템인 소프트웨어 부분의 오작동으로 인한 교통사고에서는 소프트웨어 개발자가 책임을 져야 할 것이다.

4-1 AI의 형사적 책임

인공지능 로봇이 자유의지를 가지고 자율적 판단으로 행위를 한 범죄에 대해 형법상 범죄의 성립이 가능할 것이며, 어떠한 형벌부과가 가능한 것인지에 관해 여전히 법적 논의가 진행 중에 있다.

인공지능을 물건으로 파악할 때는 형법상 범죄의 주체인 인간과 같이 취급할 수 없어서 형벌부과의 대상이 될 수 없다. 인공지능의 잘못된 판단에 근거한 오작동으로 범죄를 발생시켰을 경우 형사법적 책임에 있어서 인공지능의 개발자, 소유자, 인공지능 자체 등 누구에게 형벌을 부과할 것인지에 관해 형법상 규정이 없어서 혼란이 있으며, 인공지능에 대한 처벌 역시 불가능한 것이 현실이다.

현행 형사법 체계는 독일의 형사책임의 이론적 기초에 근거하여 '인간의 자유의사에 기초한 행위에 대해서만 형사책임을 물을 수 있으며, 형사책임 없으면 형벌 없다'라는 실체적 책임 개념에 그 근거를 두고 있다. 따라서 형사법 체계에서의 형벌 책임은 기본적으로 자연인인 인간에게만 인정되고, 범죄의 경중에 따라 자연인과 법인의 대표자가 처벌되고 있음이 원칙이다. 그러나 사회적 책임 개념과 기능적 책임 개념에 따르면, 자연인의 범위를 초월하여 인간의 자유의사에 따른 법적 책임을 인정할 수 있다면 유사인격체인 인공지능 로봇의 자유의사도 정도의 차이는 있겠지만 형사책임을 물을 수 있는 근거가 될 수 있고, 형법상 책임을 반드시 인간에게만 국한해야 할 근거는 희박해지게 된다. 이러한 상황에서 인공지능 로봇의 범죄 주체성과 형사책임과 관련하여 긍정적 견해와 부정적 견해가 첨예하게 대립하고 있다. 그 쟁점은 바로 인공지능 로봇 자체의 직접적인 형사책임 인정 여부에 있다. 여기서 인공지능 로봇이 형법적 책임을 지기 위해서는 적어도 법적으로 인간에 준하는 법적 지위를 부여받거나 인간개념의 범주를 확대한 법인의 범죄에[10] 대한 책임을 관리·감독자인 대표자 책임으로 인정하는 방안을 적용한다면 인공지능의 범죄에 대해서도 법적 해결이 가능할 것이다. 인공지능에 대해 인간이 명령을 내린 경우는 관리·감독자의 책임을 부과할 수 있으며, 인공지능의 오판에 의한 경우는 프로그램개발자에게 책임을 부과할 수 있을 것이다.

4-2 AI의 민사적 책임

우리 민법상의 과실책임의 원칙과 예외적으로 인정되는 무과실책임의 원칙은 불법행위책임에 있어서 인간의 자유의지에 의한 행위를 전제로 하고 있다. 따라서 우리 민법의 기본원칙상 인공지능 또는 인공지능을 탑재한 로봇에게 불법행위책임으로서 법적 책임을 적용할 수 있는 근거가 없다.

인공지능에 대한 민사책임 법리로는 과실책임에 의한 법적 책임과 무과실책임에 의한 법적 책임을 고려할 수 있으며, 과실책임은 일정한 사람에 대한 관리·감독상의 책임에 근거한 사용자책임과 물건에 대한 공작물 점유자의 책임, 동물 점유자의 책임을 들 수 있다.[11]

불법행위책임에서 책임 주체의 행위성은 손해배상책임과 반드시 논리적인 연계성을 가지고 있지 않다. 즉, 위법행위가 행위자의 고의 또는 과실에 의해 발생하지 않더라도 손해배상책임이 생기는 경우가 있다. 예컨대, 「민법」상 동물소유자 책임, 「제조물책임법」상 제조자의 제조물책임, 「자동차손해배상보장법」상 자동차운행자의 책임은 직접

10 인공지능 로봇의 형사법이론 체계에 관한 일고, 이인곤, 강철하, 한국법학회 법학연구 제18권 제3호, 2018.9.

11 인공지능에 대한 민사책임 법리, 정진명, 한국재산법학회 재산법연구 제34권 제4호, 2016.6.

행위자가 아니더라도 관리·감독자의 책임을 물을 수 있다는 것이다. 따라서 인공지능의 작동결과를 특정한 사람에게 귀속시키는 것이 불가능한 경우에 인공지능의 학습 및 의사결정 능력을 고려하여 위험책임 법리의 적용을 고려할 수 있다.[12]

앞으로 인공지능의 발전단계에 따라 인공지능에 대해 민법상 과실책임 또는 무과실책임의 법리를 적용하여 사용자책임, 제조물책임, 위험책임 등의 법적 책임의 부과가 가능할 것이다.

5. AI 로봇 윤리 및 규제 가이드라인

AI 시대에는 인공지능과 관련한 새로운 로봇 윤리와 규제 패러다임의 형성이 필요하다. 인공지능과 로봇의 결합으로 탄생한 인공지능 로봇은 사회생활의 다양한 영역에서 역할과 기능을 수행하여 새로운 사회문제를 발생시키면서 권리·의무 및 법적 책임의 재편을 요구하고 있다.

인공지능에 의해 발생하는 사고로 인한 손해의 문제해결을 위해서 손해를 보상할 수 있는 다양한 보험제도나 피해보상장치의 제도화가 필요하며, 인공지능으로 인한 위험의 제공에 따른 위험방지 의무부담의 법리 구성이 요구된다.

인공지능에 대해서 '인공지능이 장착된 로봇'과 동일하게 또는 구별하여 취급할 것인가에 따라 법리의 차이가 존재할 것이며, 인공지능의 규제와 관련하여 정부부처 간 규제의 관할권 문제와 권한 소재로

12 정진명(2016), 앞의 논문.

인해 부처 간 갈등이 발생할 수 있을 것이다.

인공지능의 활용이 인간 사회의 질적인 생활의 보장을 가져오지만, 인공지능의 자가발전성은 새로운 위험도 내포하고 있다. 인공지능의 위험책임에 관한 문제로서 인공지능의 운영에 따른 사고의 발생과 관련하여 법적 책임의 귀속과 손실보상을 위한 보험 등 사회적 안전망의 구축이 필요하며, 인공지능이 결합된 제품과 인공지능의 계약에 의한 소비자 피해보상 등 새로운 법 제도의 완비가 필요하다.

5-1 AI 로봇 윤리

인공지능 로봇이 예측 가능한 범위 내에서 운영이 되는가 아니면 예측범위를 넘어서 운영이 되는가에 따라서 윤리적·법적 적용기준이 달라질 것이다.

인공지능 로봇 윤리(AI robot ethics)는 인공지능 로봇이 자율성을 가진다는 전제가 성립되어야 한다. 인간에 의해 프로그래밍된 상태에서의 인공지능 로봇의 행위는 결국 인간의 윤리에 수렴되기 때문이다. 따라서 자율적으로 인식하고 판단하는 것이 전제되어야 AI 로봇 윤리가 성립될 수 있다.[13]

인공지능 로봇의 현실에서의 활용 면에서 인공지능 로봇은 국가안보를 수호하기 위한 방어적 무기의 경우에만 허용하고 치명적 자율무기로 생산되어서는 안 될 것이다. 인공지능 로봇은 사회질서의 유지와 인간의 안전한 생활의 보장이 가능한 범위 내에서 생산되고 활용

13 김윤명(2016), 앞의 논문.

그림 3.4_ AI와 윤리
자료: 셔터스톡, hafakot

그림 3.5_ 킬러로봇
자료: 영화 터미네이터 제네시스, Daum 영화

되어야 할 것이다. 인간의 생명침해라는 인간의 존엄성을 훼손하는 인공지능의 활용은 금기시되어야 한다.

인공지능 로봇은 사생활 침해를 예방하고, 헌법상 보장된 사생활권의 보장이 가능하도록 현행 법규범에 부합하도록 설계되고 활용이 되어야 하며, 인공지능 로봇의 행위에 대해 법적 책임을 지는 법적 책임의 주체가 명확하게 명시되어야 한다.

인공지능 로봇 윤리의 기준은 인간과 인공지능 로봇이 인간 생명의 존엄성을 존중하고, 상호공존이 가능한 권리·의무에 기초한 공존윤리의 설정으로 이어져야 한다.

5-2 AI 규제 가이드라인

AI 시대 및 제4차 산업혁명 시대의 안전과 지속적 발전을 위해서 다양한 사회적 안전장치와 규제장치로서 새로운 법 제도의 구성을 통한 규제 가이드라인의 수립이 필요하다.

우리나라에서는 「국가정보화기본법」과 「지능정보화사회기본법」, 「지능형로봇개발 및 보급촉진법」 등의 제정을 통해 큰 틀에서 AI 산업의 활성화와 규제를 위한 법 제도를 구성하고 있다.

「지능형로봇개발 및 보급촉진법」을 통해 지능형 로봇의 개발과 보급을 촉진하고 그 기반을 조성하여 지능형 로봇산업의 지속적 발전을 위한 시책을 수립·추진함으로써 국민의 삶의 질 향상과 국가 경제에 이바지함을 목적으로 하고 있다. 「지능형로봇개발 및 보급촉진법」은 로봇산업에 초점을 맞춘 법이기 때문에 일정한 한계가 있다고 보아서 로봇산업의 조성과 규제를 위해 2017년 7월 「로봇기본법」이 발의된 바 있다. 또한, 「전기통신기본법」, 「전기통신사업법」, 「정보통신망 이용촉진 및 정보보호 등에 관한 법률」, 「개인정보보호법」, 「위치정보의 보호 및 이용 등에 관한 법률」, 「통신비밀보호법」, 「특허법」, 「저작권법」 등이 인공지능 분야에서 안전과 규제의 가이드라인으로 적용될 수 있는 주요법률로 제·개정이 되었다. 이러한 인공지능과 관련된 법률들은 인공지능 산업에서의 기술개발 및 서비스규제에 초점을 두고 있다.

인공지능 기술 및 관련 산업의 급성장과 함께 20대 국회에서는 인공지능 관련 정책추진 및 거버넌스 정립, 산업진흥 및 규제 특례, 데이터·개인정보 규제 완화 등과 관련된 다수의 법률안을 발의하였다. 특히, 자율주행 자동차, 무인이동체 등 개별분야의 지원근거와 규제 특례를 담은 법률안이 실제 제·개정에 이르렀으며, 개인정보 규제 완화 법률안도 논의가 진행되고 있다. 그러나 여전히 인공지능 기술·산업 전반의 정책추진 및 조정에 관한 법률안의 제정과 관련하여 인공지능 기술의 활용수준에 따라 새로운 권리를 부여하거나 의무를 부과하는 등에 대해서는 충분한 사회적 합의가 아직 이루어지지 못하고 있다.[14]

현재 급속히 발전하고 있는 인공지능 기술과 인공지능의 잠재적 위험성에 대비하기 위해서는 인공지능 전반을 관할하고 통제가 가능한 「인공지능기본법」의 제정이 필요하며, 「인공지능기본법」의 제정에 근거하여 인공지능 산업과 인공지능의 활용 범위에 대한 기준을 마련할 필요가 있다.

---

14 인공지능 관련 입법 현황 및 전망, 신용우, NARS 현안분석 제87호, 2019. 12.

6. AI와 인간의 공존

AI 시대는 인간의 사회생활 양식과 사고의 양태에 엄청난 변화를 수반하여 도덕, 윤리, 법 등 정의개념에도 상당한 변화를 초래할 것이다. 따라서 AI 시대에는 인문사회과학과 공학이 분리된 사회가 아니라 융합형 지능정보사회로 변화가 진행될 것이다.

이러한 AI 사회에서 사회인의 역할은 치열한 경쟁 속에서의 생존을 의미한다. 개인에게 더 많은 정보의 수용에 기반한 전문지식의 축적과 융합적 사고를 요구할 것이다. 그동안 정부에서는 인공지능 분야를 시작으로 사물인터넷(IoT), 빅데이터, 스마트 에너지, 한국형 나노디그리(Nano Defree) 등 산업 분야에 집중투자하고 있으며, 국내 제4차 산업혁명 관련 인력육성을 선도하고 국가적 경쟁력을 강화할 수 있는 정책을 과학기술정보통신부 역점 사업으로 추진하고 있다. 또한, 교육부는 인공지능 인력양성의 하나로 인공지능, 빅데이터, 소프트웨어 중점교육을 진행해 나가고 있다.[15]

인공지능과 인간의 공존을 위한 다양한 정책이 상당 부분 산업과 교육 전반에 확산이 되어 정부와 민간의 협력하에 추진되고 있다.

6-1 AI와 법률관계

인공지능 시대를 살아가는 우리는 예측할 수 없는 새로운 상황에 맞닥뜨릴 수 있다.

15 과학기술정보통신부 보도자료, 2020.1.16.

은행이 대출 심사를 인공지능에 맡기는 경우 인종이나 국적을 직접 차별하지 않더라도 거주지, 친구 관계, 소비패턴 등의 관련 데이터를 분석한 인공지능이 알게 모르게 인종차별적인 판단을 내릴 수도 있을 것이다. 기업은 업무의 위험을 최소화하고 이익을 극대화하기 위한 인공지능 기술을 다양한 분야에 활용할 것이며, 은행 대출의 경우와 같이 인공지능의 비합리적 판단의 경우에 사람들은 자신이 차별을 받았고, 불공평하며, 비윤리적이라고 비난할 것이다.[16]

점차 발전하는 AI 시대는 현재보다 더 복잡한 생활환경으로 변화할 것이며, 그에 수반된 새로운 법률관계가 지속적으로 만들어질 것이므로 AI 시대 및 제4차 산업혁명 시대의 사회현실을 반영한 새로운 법률의 출현이 이어질 것이다.

6-2 AI와 인간의 공존을 위한 제도의 변화

AI 시대를 맞이하여 인공지능이 행정, 의료, 금융, 국방, 사회서비스, 개인비서, 교통수단 등 다양한 분야에서 적극적으로 활용되고 있다.

AI가 아직은 인간에 도움을 주는 도구로써 사용되고 있지만, 머지 않은 장래에는 인간의 일자리를 대체할 수 있다. AI가 자가발전을 통해 엄청난 데이터를 축적하고 활용하여 인간의 능력을 뛰어넘어 인간 업무를 대체하고, 개인의 프라이버시를 침해하는 등 인간을 위협하는 존재가 될 수 있다는 우려가 있다. 인공지능 기술이 국가의 경쟁력을 좌우하게 될 것이라는 관점에서 관련 산업의 육성에 정부가 집중투자

16 왜 지금 인공지능 윤리를 논의해야 하는가?, 한상기, 2016.5.11.

그림 3.6_ AI와 인간의 공존
자료: 셔터스톡, sdecoret

를 하고 있지만, 인공지능의 활용도 인간에게 이로운 방향으로 이루어져야 하므로 그에 대한 통제장치로서 인공지능 관련 새로운 법 제도의 확립이 필요하다.[17]

현재 인공지능의 발달단계에서는 인공지능이 제한적인 자율성을 가지는 단계에 머물러 있는 상태로서 법인격 부여는 시기상조로 볼 수 있지만, 인공지능 기술이 혁신적으로 발전하고 있는 점을 감안할 때, 조만간 인공지능에 대한 법인격 부여의 문제가 해결되어야 할 것이다. 또한, 인공지능의 안전한 활용을 위해서 인공지능 기술 및 산업 분야에서의 윤리헌장 및 윤리지침의 제도화가 필요하다. 나아가 인공지능이 접목된 제품과 관련하여 사고 발생 시 책임소재를 명확하게 개별법에 규정할 필요가 있다.

AI 기술이 혁신적으로 발전하고 있는 현시점에 인공지능의 행위로

17 지능정보사회에서의 인공지능의 현안과 입법 과제, 김민우, 한국비교공법학회 제21권 제2호, 2020.5.

인한 사고에 대한 법적 책임의 부여를 위한 법 제도화는 당연할 것이다. 또한, 인공지능이 자율학습에 기반한 자가발전이 가능한 단계로 진입하고 있는 시점에 자가발전한 인공지능이 인간의 예측 가능성과 통제에서 벗어나게 될 때 그 사회적 위험성은 엄청나게 클 수 있다.

정부에서는 인공지능 기술의 긍정·부정적 영향에 대한 상시평가를 수행하여 인간과 인공지능의 공존을 위한 새로운 법 제도의 형성을 통해 인간과 인공지능의 상호공존이 가능하도록 해야 할 것이다.

활동 1

|1| 인공지능이 자유의지를 가질 수 있는가?

|2| 인공지능에 인격 또는 법인격을 부여할 수 있는가?

|3| 인공지능에 대한 법적 책임은 인공지능 프로그램개발자, 인공지능 소유자, 인공지능 과연 누구에게 있는가?

|4| 인공지능이 새로운 불평등사회를 만들 수 있지 않은가?

|5| 인간과 인공지능은 어떠한 방법으로 상호공존을 해야 하는가?

3장 참고문헌

- 인공지능, 무엇이 문제일까?, 김상현, 동아엠앤비, 2020.
- 4차 산업혁명과 미래사회, 연세대학교 상경대학, 경영대학, 2020.
- 인공지능과 법, 한국인공지능법학회, 2020.
- 정의로의 산책, 한희원, 삼영사, 2011.
- 인공지능(AI) 법과 공존윤리, 한희원, 2018.
- 지능정보사회에서의 인공지능의 현안과 입법 과제, 김민우, 한국비교공법학회 공법학연구 제21권 제2호, 2020.5.
- 인공지능(로봇)의 법적 쟁점에 대한 시론적 고찰, 김윤명, 한국정보법학회 정보법학 제20권 제1호, 2016.4.
- 인공지능 관련 입법 현황 및 전망, 신용우, NARS 현안분석 제87호, 2019.12.
- 인공지능 로봇에 의한 손해의 불법행위책임, 오병철, 한국정보화진흥원, 지능정보사회 법제도 정립방향 심층분과 보고서, 2018.
- 인(人) 이외의 존재에 대한 법인격 인정과 인공지능의 법적 지위에 관한 소고, 이경규, 인하대학교 법학연구소 법학연구 제21권 제1호, 2018.3.
- 인공지능(AI) 시대의 법적 쟁점에 관한 연구, 장민선, 한국법제연구원, 2018.
- 인공지능에 대한 민사책임 법리, 정진명, 한국재산법학회 재산법연구 제34권 제4호, 2018.2.
- 인공지능 관련 법·정책에 대한 연구, 채은선, 이나리, 박선주, 한국통신학회 학술대회논문집, 2018.6.
- 왜 지금 인공지능 윤리를 논의해야 하는가?, 한상기, 슬로우뉴스, 2016.5.11., https://slownews.kr/54060.
- 네이버 지식백과, 이병태, 법률용어사전, 2016.1.20.

4장

AI 시대의 아동, 아동을 위한 AI 교육

1. AI 시대와 아동

1-1 아동과 AI 과학기술에 관한 인식

2000년대 초반만 해도 우리나라는 물론이고 북유럽과 같은 선진국에서조차 AI 과학기술은 아동의 자연스러운 삶의 일부분으로 여겨지지 않았다.[1] 그 이유는 AI 과학기술이 아동의 발달과 학습에 부정적인 영향을 미친다는 인식 때문이었다. 예를 들어, AI 과학기술은 시력이나 대근육 발달 등 신체발달 측면에서 부정적일 뿐 아니라 또래 간의 사회적 상호작용을 방해할 수 있다는 것이다.[2] 또한, 어릴 적부터 컴퓨터 등 AI 과학기술과 같은 자극적인 매체를 경험하면, 책과 같은 밋밋한 매체를 접하려고 하지 않을 것이라는 우려도 있었다. 이처럼 아동기에는 멀티미디어보다는 자연물(꽃, 돌멩이 등)이나 구체물(공, 블록 등)을 제공하는 것이 적합하다는 인식으로 인해 가정은 물론이고 유치원에서도 아동에게 컴퓨터를 제공하는 경우가 거의 없었다.

그러나 최근에는 AI 과학기술의 활용에 대한 인식이 긍정적인 방향으로 변화하는 추세이다. 몇몇 연구에 의하면 부모와 교사들은 아동이 AI 과학기술을 사용하거나 학습하는 것에 대해 낙관적으로 생각하고 있다. 특히, AI 과학기술은 특수교육이 필요한 아동이나 기억력에 문제가 있는 아동에게 도움이 될 수 있다는 것이다. 예를 들어, 태블릿 PC는 놀이, 탐색 및 실험에 좋은 환경을 조성할 수 있다. 또한, 교

1 Waters, Payler, Jones, 2018.

2 Cordes, Miller, 2000.

수법에 AI 과학기술을 포함시키면 읽기와 쓰기 능력, 수학 능력 및 사회적 활동도 지원할 수 있는 것으로 밝혀졌다.

이러한 사회적 분위기에 따라 자연 친화교육과 같은 보수적 전통을 고수하던 스웨덴에서조차 아동의 디지털 역량 지원을 의무화하는 방

그림 4.1_ 유아 교육기관에서 태블릿 PC를 사용하는 아동

그림 4.2_ QR 코드를 이용한 교재교구(왼쪽)와 과학기술 영역(오른쪽)

향으로 교육과정이 개정되었다. 그리하여 과거와 달리 AI 과학기술은 교육기관에서 다양한 방식으로 일과의 일부로 자리 잡게 되었다. 교실 환경에서 과학기술 영역 구성이 명확해졌으며, 아동들이 개별적으로 아이패드를 가지고 노는 모습들이 흔히 관찰되곤 한다.[3]

1-2 AI 리터러시와 부모의 역할

4차 산업혁명 시대의 아동은 과거 부모 세대가 살았던 것과는 완전히 다른 세상에서 자라고 있다. 이미 아동은 실외놀이보다는 컴퓨터, 스마트폰, 넷플릭스, 페이스북과 같은 SNS 등을 하면서 많은 시간을 보낸다. 심지어 아주 어린 아동이 갖고 노는 장난감조차도 디지털로 이루어진 것이 많으며, 코로나로 인한 수업마저도 온라인으로 이루어지고 있다. 이처럼 현재의 기술 발달 추이를 살펴보면, AI에 대한 지식은 장래에 과학이나 공학 분야에 진출할 때 점점 더 중요해질 것이다. 부를 축적하는 많은 제품(스마트 생산, 자율주행 자동차, 로봇, 사물인터넷)이 AI를 기반으로 하고 있기 때문이다. 과학이나 공학 분야뿐 아니라 다른 여러 직업도 머지않아 AI와 접목될 것이다. 따라서 개인의 성공뿐 아니라 국가 발전을 위해 AI 리터러시(AI literacy)를 갖춘 인재의 육성에 주력해야 한다.

AI 리터러시라는 용어는 리터러시(literacy)의 개념에서 파생되었다. 리터러시란 읽고 쓸 수 있거나 혹은 특정 문제를 해결할 수 있는 능력 또는 지식을 갖춘 상태를 의미한다. 이러한 리터러시 개념은

3 한유미, 오연주, 지혜영, 2021.

1980년대 후반 컴퓨터가 교육현장에 도입되면서부터 컴퓨터 리터러시, 정보 리터러시, 디지털 리터러시, 미디어 리터러시, 멀티미디어 리터러시, 과학기술 리터러시 등 여러 가지 의미를 지닌 용어로 사용되었다. 본서에서는 이와 같은 다양한 리터러시 개념을 포괄하여 AI 리터러시라고 칭하고자 한다. AI 리터러시를 갖춘 사람은 글자를 읽고 쓰고 셈을 할 수 있는 것과 마찬가지로 AI가 사회와 개인에게 미치는 영향을 이해하고, 개인적 · 학문적 목적을 위해 AI를 이용하고 프로그램을 작성할 수 있는 능력이 갖추어진 사람이라 할 수 있다. 따라서 아동을 위한 AI 리터러시 개념은 AI에 관한 지식, AI 사용기술, AI 활용 능력, AI에 대한 태도 등으로 구성된다고 할 수 있다.[4]

AI 리터러시는 읽고 쓰는 능력을 의미하는 고전적 리터러시(classical literacy)만큼 중요해질 것으로 전망하고 있다.[5] 고전적 리터러시 연구에 따르면, 읽기와 쓰기 능력은 생애 초기부터 시작하여 계속 진행된다. 또한, 교사 주도의 형식적인 교육을 통해서가 아니라 문자가 풍부한 일상생활에서 문자를 접하고 부모나 교사와 비형식적으로 상호작용함으로써 자연스럽게 읽고 쓰는 능력이 길러진다는 것이다. 이에 글의 의미나 발음을 정확히 모르더라도 책을 읽는 척하거나 맞춤법에 맞지 않더라도 끄적거리는 행동도 읽기나 쓰기로 간주한다.[6] 이와 마찬가지로 AI 리터러시의 발달도 유치원에서 시작하여 초등학교, 중학교, 고등학교까지 계속되며 대학까지도 확장될 수 있다(그림 4.3).

---

4 김혜림, 2007.

5 Kandlhofer, Steinbauer, Hirschmugl-Gaisch, Huber, 2016.

6 한유미, 김혜선, 권희경, 양연숙, 백은정, 2013.

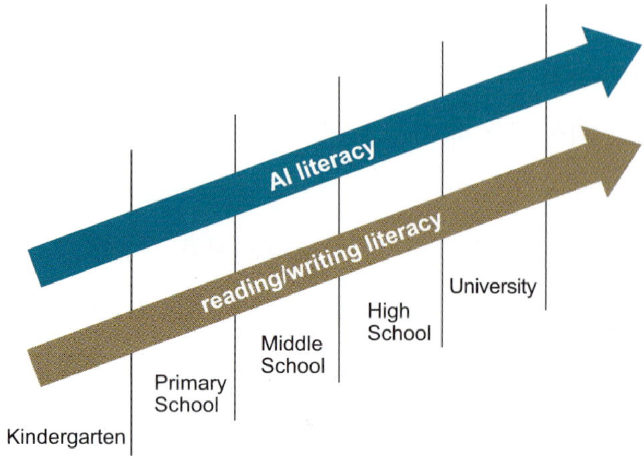

그림 4.3_ 학교급에 따른 고전적 리터러시(문자)와 AI 리터러시의 발달

유치원에서 아동은 재미있는 방식으로 글자들을 접하고, 초등학교에서는 좀 더 방법론적으로 접근하게 된다. 이후의 학교급에서는 이미 배운 지식을 강화하고 새로운 주제를 소개하며, 특정 주제를 심도 있게 탐구하게 된다. 읽기와 쓰기 능력이 평생을 통해 발달하지만 8세 이전의 시기가 중요하며, 이미 배운 내용을 통합하고 인쇄물과의 활발한 상호작용을 통해 지속적인 학습이 필요하다. 이와 마찬가지로 AI 리터러시를 개발하기 위해서도 AI의 기본개념을 가능한 어린 시기부터 접하게 하는 것이 효과적일 것이다.[7]

이처럼 현재 우리 아이들이 살고 있고 앞으로 살아갈 세상은 부모들이 어렸을 때 경험했던 것과 현격한 차이가 있으므로 많은 부모들이 혼란과 어려움을 느낀다. 요즘 미국 아동은 엄마라는 단어보다 '알렉사(Alexa)[8]'라는 단어를 먼저 배운다는 우스갯소리가 있을 정도로 AI

7 Kandlhofer, Steinbauer, Hirschmugl-Gaisch, Huber, 2016.

는 가족의 일상생활 속에 깊이 뿌리박고 있다. MIT 대학의 연구결과에 따르면 아동은 로봇 장난감과 같은 AI에 감정적으로 애착을 형성한다고 한다. 아동은 로봇 장난감이 자신을 돌볼 수 있을 만큼 "충분히 살아있다."고 느끼며, 애플의 시리(Siri)나 아마존의 알렉사와 같은 인공지능 스피커와 대화할 수 있다. 레이첼 보츠먼(Rachel Botsman)은 '알렉사와 공동 양육'이라는 제목의 뉴욕타임스 기사에서 자녀가 AI 장치와 상호작용하는 것을 볼 때, 부모가 느낄 수 있는 불안감을 설득력 있게 설명하고 있다. 가족의 일상생활에 AI가 널리 퍼져있다는 것은 부모는 자녀가 어릴 때부터 컴퓨터 과학 및 인공지능을 주제로 이야기를 시작해야 함을 의미한다. 따라서 오늘날의 부모는 AI의 범위와 강점을 이해하고 신중하게 관리하는 디지털 양육(Digital Parenting)의 책임을 적극적으로 수행해야 한다.

8 알렉사는 아마존에서 개발한 인공지능 플랫폼으로 사용자는 아마존 에코를 이용하여 알렉사와 의사소통하면서 음악, 알람, 날씨, 교통 등의 많은 기능을 이용할 수 있다. 또한, 클라우드를 기반으로 작동하기 때문에 자주 사용할수록 사용자의 패턴을 학습하여 더 똑똑해진다.

활동 1

※ 다음 뉴욕타임스의 기사를 읽고 본인의 생각을 자유롭게 적으시오.

나는 3살배기 딸 그레이스에게 Amazon Echo라고 불리는 검은 원통형의 스피커를 가리키면서 "알렉사와 놀자"고 했다. 그리고 알렉사는 똑똑하므로 무엇이든 물어볼 수 있다고 설명해주었다.

그레이스는 스피커 쪽으로 몸을 기울이면서 "안녕~알렉사. 내 이름은 그레이스야"라고 말했다. 그레이스가 "오늘 비가 올까?"라고 묻자 청록색 빛이 비치면서 여자 목소리로 비가 내리지 않을 것이라는 대답이 흘러나왔다. 그레이스는 알렉사에게 영화 'Sing'에서 자기가 가장 좋아하는 음악을 틀어달라고 할 수 있으며, 알렉사가 농담을 하거나 수학 문제를 풀 수도 있고, 흥미로운 사실을 제공할 수도 있다는 것을 깨달았다.

다음 날 아침 알렉사는 잠옷 차림으로 부엌으로 들어가는 그레이스에게 가장 먼저 아침 인사를 한 '사람'이었다. 그레이스는 "알렉사, 블루베리 사 줘"라고 명령했다. 물론 그레이스는 알렉사의 배후에 Amazon이 있고, 알렉사의 알고리즘이 충동 구매를 조장한다는 사실을 알지 못했다.

자료: Co-Parenting With Alexa By Rachel Botsman, 2017.10.7.

| 1 | 이 기사의 요점은 우리 아이들은 알렉사와 같은 장치를 친구로 여길 수 있다는 것이다. 현재 알렉사는 뚜렷한 물리적 특징이 없는 실린더이지만, 인간의 모습을 갖춘 알렉사가 만들어져서 인간-기계 인터페이스의 새로운 국면이 펼쳐질 것이다. 만약 여러분이 3세 아동이라면, 알렉사를 갖고 싶거나 알렉사랑 노는 것을 좋아할 것 같은지 '예' 또는 '아니요'로 답하고, 그 이유를 서술하시오. 또한, 여러분이 부모라면 자녀에게 알렉사를 몇 세부터 제공하고 어떻게 사용하게 하는 것이 적절할지 설명하시오.

| 2 | 이 기사에서 그레이스가 갑자기 "알렉사, 닥쳐!"라고 소리치더니 겁을 먹은 표정으로 알렉사를 무례하게 대해도 괜찮은지 물었다. 그레이스는 스피커(알렉사)가 감정이 있다고 생각하였을까? 만약 여러분이 부모라면, 알렉사에게 어떻게 대답하였을지 적으시오.

1-3 AI 시대 아동의 생활 변화 사례

① 전자그림책

그림책은 아동이 생애 최초로 만나는 책이자 장난감으로서 많은 사랑을 받아왔다. 인쇄 기술에 의해 만들어진 종이 그림책(Printed Picture Book)에 더해 최근에는 증강현실 그림책을 비롯한 전자그림책들이 등장하고 있다. 증강현실(Augmented Reality, AR)이란 가상현실(Virtual Reality, VR)의 한 분야에서 파생된 기술로 사용자의 눈에 보이는 현실 세계에 가상의 물체(그래픽)를 겹쳐서 보여주는 기술이다.

증강현실 그림책은 책과 증강현실 기술을 결합한 최신 기술이 집약된 매체로 종이 그림책에 심어놓은 그래픽 정보를 스마트 기기의 카메라로 인식하여 가상의 콘텐츠를 동적이고 입체적인 3D 영상물로 확장한 책이라고 볼 수 있다. 즉, 증강현실 그림책은 컴퓨터나 스마트폰, 태블릿 PC와 같은 스마트 기기를 활용하지 않는다면, 겉보기에는 일반 종이 그림책과 별 차이가 없다. 그러나 그림책에 심어진 마커를 컴퓨터나 스마트 기기의 카메라로 인식하면 그림책에 심어진 증강현실 콘텐츠가 3D 화면으로 되살아나면서 소리까지도 구현되는 그림책이라고 할 수 있다.

아동은 증강현실 기술로 살아 움직이는 3D 등장인물들과 다양한 상호작용을 할 수 있고, 종이 그림책으로는 표현할 수 없는 내용과 정보 및 감각적·인지적 경험도 체험할 수 있다. 이와 같은 다감각적인 경험과 감각적 몰입이라는 특성으로 인해 증강현실 그림책은 아동에게 더욱 효과적인 매체로 작용할 수 있다.

세계 최초의 증강현실 책은 2010년 영국 아동도서 전문출판사 칼튼

북스(Carlton Books)가 선보인 『공룡이 살아있다(Dinosaurs Alive)』 이다. 이 책은 국내판으로도 출간되어 있다. 이 책의 첫 번째 증강현실은 상자나 알에서 공룡이 나타나는 형식을 갖추고 있으며, 두 번째는 조이스틱이라는 내비게이션 키로 아동이 증강현실 공룡의 움직임을 직접 조작할 수 있도록 설정되어 있다. 세 번째는 공룡의 울음소리가 들려오는 소리가 삽입되어 해당 공룡의 울음소리를 증강현실 공룡의 영상과 함께 들을 수 있다. 단, 마지막 증강현실 공룡인 프테라노돈 공룡 증강현실에서만 해당 공룡의 특징에 기반하여 위아래 내비게이션 키를 활용한 날아다니는 구현이 가능하게 되어있다. 또한, 이 책의 증강현실을 구현할 때, 아동이 증강현실에 개입하여 공룡과 함께 사진을 찍고 문자나 메일 등으로 연동할 수 있도록 설정되어있다. 아동이 증강현실과 상호작용함과 동시에 자신이 이용하는 모습을 사진으로 남길 수 있는 것이다.[9]

그림 4.4_ 『공룡은 살아있다』의 증강현실과 예시와 웹 SNS 연동
자료: Carlton Books

② 교육용 로봇

2009년 11월 공표된 교육과학기술부의 '유아교육 선진화 추진계획'의 하나로 유치원 현장에 로봇 기반 교육(Robot-based learning, 이하 R-러닝)을 공표하였다. 이에 교육과학부에서 인증한 유진로봇의 '아이로비큐(iRobiQ)'와 다사로봇의 '제니보(Genibo)' 두 로봇 플랫폼이 전국적으로 유치원에 보급되었다. 아이로비큐는 교육 기능을 갖춘 지능형 인간 로봇이며, 제니보는 교육 기능을 갖춘 강아지 형태의 지능형 로봇이다. 이외에도 올레닷컴에서 제작한 '키봇2(Kibot2)'가 새로운 R-러닝 로봇 플랫폼으로 인증받아 각 플랫폼의 특성에 따른 다양한 접근들이 유아교육 현장에서 가능해졌다.[10]

이러한 로봇의 주요 역할은 유치원 교사를 대신하여 출·결석을 확인하고, 동화를 구연하거나 음악을 들려주거나 영어 단어 등을 읽어주는 것이다. 보조교사의 역할뿐 아니라 국정 교육과정인 누리과정의 생활주제별 콘텐츠가 구성되어 있어서 교수 매체로서의 사용도 가능하며, 아동의 관리와 일과 관리가 편리하다는 장점이 있다.

아이로비큐(iRobiQ) 제니보 키봇2

그림 4.5_ R-러닝 교육용 로봇
자료: 유진로봇, 다사로봇, 올레닷컴

아동의 경우에는 스스로 로봇 콘텐츠를 선택하여 사용할 수 있으며, 스스로 놀이하고, 매체 접근성이 빨라 구석구석 찾아다니며 놀이할 수 있다. 특히, 또래와 어울리지 못하거나 전학을 온 아동의 유치원 적응에 도움이 되며, 특수 아동의 언어학습 지원과 함께 개별놀이 시간을 갖게 해주는 장점이 있다. 이외에도 로봇에는 개별 아동의 교육 활동을 저장 또는 사진이나 동영상으로 촬영하여 부모들에게 전달하는 콘텐츠가 내장되어 부모의 참여도를 높여줄 수 있다.[11]

2. AI 시대의 아동 교육

2-1 AI 시대의 교육정책 방향

2020년 11월 교육부는 "미래 교육을 위해 공교육이 맡아야 할 주요 역할은 AI 시대에 스스로 자신의 미래를 개척하고, 인간의 존엄성을 중시하는 윤리적 태도를 갖춘 사람을 길러내는 것임을 지속적으로 강조해 나갈 계획"이라고 밝혔다. 이에 다음과 같이 감성적 창조 인재 육성, 초개인화 학습환경 조성, 따뜻한 지능화 정책 구현 등을 AI 시대의 3대 교육정책 방향으로 제시하였다.

첫째, 미래인재 양성은 '감성적 창조 인재'로 설정하였다. 정해진 틀

9 이선진, 2015.

10 이연승, 강민정, 박선미, 2013.

11 경남도민신문, 2014.7.2.

안에서는 AI가 인간보다 빠르고 정확한 답을 찾아내니, 정답만을 쫓는 학습 목표와 방식에서 벗어나 새로운 구조를 만들어내는 독창적 질문을 할 줄 아는 사람을 길러내야 한다는 것이다. 또 인간의 감성을 이해·공감하고 타인과 소통·협업하는 능력이 중요하며, AI에 대한 윤리적 판단력이 필수적이라고 본다.

둘째, 학습환경은 '초개인화'로 변화할 것을 예고하였다. 이에 AI 과학기술을 활용하여 학생 각자의 특성과 상황, 수준에 맞는 교육을 시행하고, 취약계층 지원, 교육격차 해소 등을 위한 기술 활용을 적극적으로 권장하기로 하였다.

셋째, 정책 형성과정은 '따뜻한 지능화'를 추구하겠다고 밝혔다. 데이터에 기반을 둔 정책 환경을 마련하고, 다양한 데이터 간 연계를 통해 교육 사각지대를 발굴 및 지원, 모두를 위한 포용적이고 공평한 교육 기본권 확대를 추진한다는 것이다.

이에 유치원 및 초·중·고등학교에 AI 교육이 본격적으로 도입되었다. 우선 초·중·고등학교에 2025년부터 적용될 2022년 교육과정이 개정되기 전이지만, 학생들을 위해 AI 교육을 받을 수 있도록 AI 관련 수업 자료를 개발, 보급하고자 한다. 초·중학교는 관련 교과에서 기초 소양 및 원리 교육을 강화하고, 고등학교는 다양한 선택과목으로

표 4-1_ 자기 주도적 태도 등을 고려한 미래 핵심 역량의 방향

(기존) 2015 교육과정	(추가) 인공지능 시대 핵심 역량 방향
■ 폭넓은 기초 지식 바탕 ■ 다양한 전문 분야 지식, 기술, 경험을 융합적으로 활용 ■ 새로운 것을 창출	■ 스스로 기존 구조를 파악, 깨트리기, 새로운 구조를 창조 ■ 새로운 질문을 통해 새 해결법을 스스로 유도하는 방법 활용 등

편성하여 심화학습 기회를 제공할 계획이다. 교육내용으로는 프로그래밍, AI 기초 원리, AI 활용, AI 윤리 등이 포함된다. 유치원 단계에서는 2021년부터 놀이를 통해 AI 교육을 할 수 있도록 학습 자료를 개발한다. 'AI와 놀이하기', '친구들과 의견 모으기' 활동을 통해 AI를 경험하게 하는 것이 주요 내용이다.[12]

2-2 아동 코딩 교육

① 아동 코딩 교육의 개념 및 효과

"코딩을 배우면 사고가 증진될 뿐 아니라 마음(Mind)이 확장될 수 있다"

- Bill Gates -

코드(Code)는 컴퓨터에 대한 일련의 지시문을 의미하고, 코딩(Coding)은 프로그램의 작동을 위해 컴퓨터가 이해하고 필요로 하는 단계별 지침을 만드는 과정을 말한다. 게임, 태블릿, 자동차, 스마트폰, 심지어 세탁기까지도 모두 코딩을 통해 작동을 구성한다. 코딩 교육(Coding Education)은 이와 같은 컴퓨터 프로그래밍을 가르치는 것으로 우리나라의 경우 2019년부터 초등학교 5~6학년의 정규 교과목으로 의무화되었다. 한편, 유아교육 과정에서는 코딩 교육이 아직 의무화되지는 않았다. 유아교육 전문가들도 대부분 유아에게 코딩 교육을 실시하는 것이 바람직하지 않으며 가능하지도 않다는 견해를 취해왔다. 그러나 초등학교에서 코딩 교육이 의무화가 되었으므로 유아

12 아시아경제, 2020.11.20.

기부터 시작해야 한다는 부모들의 선행학습 욕구로 이미 코딩에 대한 사교육 시장은 형성되었다.[13] 세계적 흐름으로 볼 때도 코딩이 유아교육 내용으로 자리 잡을 가능성이 있다.

어린 아동에게 컴퓨터 언어 자체를 가르치는 것은 어렵다. 따라서 어린 아동을 대상으로 한 코딩 교육은 초기 코딩 활동(Early Coding Activity) 또는 사전 코딩 활동(Pre-coding Activity)의 개념으로 접근하는 것이 적절하다. 아동 코딩 교육은 아동의 눈높이에 맞추어 절차적 사고를 통한 알고리즘 원리를 이해시킬 수 있도록 해야 한다. 따라서 아동 코딩 교육은 아동이 의미 있는 방식으로 코딩과 관련된 개념 중 일부를 탐색하는 발달적으로 적절한 게임이나 활동으로 정의할 수 있다.

아동 코딩 교육이 인기를 끌게 된 것은 결코 우연이 아니다. 코딩을 모르면 글을 못 읽는 것과 비슷한 시대가 도래하고 있으며, 특히 아이들 세대에서는 코딩이 매우 중요함을 명심해야 한다. 코딩 교육의 이점을 살펴보면 다음과 같다.[14]

● 문제해결력을 길러준다.

코딩은 아동에게 어렵고 복잡한 문제를 여러 부분으로 나누어서 해결할 수 있도록 가르친다. 이러한 기술은 다른 분야로도 전이될 수 있다. 아동은 코딩할 때 논리적 사고를 통해 소프트웨어 엔지니어와 같은 방식으로 문제에 접근하는 방법을 배운다. 이러한 논리적 사고는

13 박은정, 2015.

14 McLennan, 2017.

학교, 직장, 생활에서 강력한 도구가 된다.

● **코딩은 수학을 사용한다.**

코딩에는 데이터 분석 및 조직, 공간 추론과 논리 등 많은 수학적 기술이 포함된다. 예를 들어, 아동은 몇 칸을 이동할지 세어야 하며, 물체와 위치를 연관시킬 때 어느 방향으로 가야 할지 지시해야 한다. 이처럼 코딩은 여러 가지 수학 기술을 의미 있는 경험으로 통합해주며, 아동이 수학을 재미있게 배울 수 있도록 해준다.

● **코딩은 의사소통을 촉진한다.**

코딩은 복잡한 아이디어를 분해하고 컴퓨터가 이해할 수 있는 방식으로 배열하는 방법을 가르친다. 아동은 코드를 작성할 때 다른 사람(또는 컴퓨터)에게 지시해야 하는데, 이때 의사소통이 간결해야 한다. 코딩게임을 하는 경우 지시를 받는 아이는 코딩 조각을 올바른 방식으로 움직이기 위해서 상대방의 말을 적극적으로 경청해야 한다.

● **코딩은 읽기와 쓰기를 촉진한다.**

코딩게임에는 스토리가 있으며, 코딩과 스토리는 대개 비슷한 형태를(서론-본론-결론) 보인다. 프로그래머는 장애물과 상황을 이용하여 물체를 움직여 목적지에 도달하게 된다. 아동이 만든 이야기를 코딩게임에 사용하는 경우 어휘의 발달과 텍스트의 이해에 매우 효과적이다. 교사는 스토리의 순서를 바꾸거나 결말을 새롭게 만들어서 아동에게 소리 내 읽어보도록 할 수도 있다.

● 코딩은 창의성을 증진시킨다.

코딩은 아동이 디지털 미디어와 과학기술을 소비할 뿐만 아니라 창조할 수 있도록 만든다. 단순히 비디오 게임을 하거나 앱을 사용하는 대신 아동은 자신만의 비디오 게임을 만드는 것을 꿈꾸어보거나 자신의 웹사이트 또는 앱을 상상해볼 수 있다. 이처럼 코딩은 표현의 출구가 된다.

● 코딩은 인내심을 길러준다.

코딩하는 과정에서 실수하고 좌절을 경험할 수 있지만, 대부분의 아동은 생각대로 잘 안 되더라도 계속 붙들고 있으면서 어느 부분이 작동하지 않고, 그 이유는 무엇이며, 제대로 작동하려면 어떤 조치를 해야 하는지에 대해 생각한다. 코딩과 같은 새로운 분야를 배우는 것은 일종의 도전이며, 인내심이라는 귀중한 기술을 길러준다.

● 코딩은 협업을 향상시킨다.

모든 아동은 코딩 방법을 배울 수 있다. 'iD Tech'와 같은 교실 및 기타 대면 환경에서는 아동들이 함께 대면 공동 작업을 할 수 있다. 온라인을 학습하는 아동들은 서로 질문하고 함께 문제를 해결하고 일을 만들면서 성장할 수 있다. 'Minecraft'와 같은 많은 게임은 전 세계 동료와 코딩, 협업 및 참여를 포함하기 때문에 많은 교육적 이점을 제공한다.

② 아동이 이해할 수 있는 코딩 개념

코딩을 학습할 때는 복잡하고 다면적인 정교한 사고가 필요하다. 즉, 정보를 반복적으로 암기하는 것이 아니라 깊이 사고를 해야 한다. 그러나 자동차, 가전제품, 전화, 심지어 장난감까지 프로그래밍이 되어있으므로 아동은 일상생활에서 코딩이 어떤 일을 하는지 재미있게 알아낼 수 있고, 놀이와 같은 방법으로 프로그래밍 기술을 배울 수 있다. 5세 아동이 학습할 수 있는 코딩의 기본개념 5가지를 소개하면 다음과 같다.

● 시퀀스

아동에게 시퀀스(Sequence)의 개념을 가르치기는 쉽다. 시퀀스는 기본적으로 특정 순서로 작업을 완료하는 것을 말한다. 즉, 여러 가지 지시들을 순서대로 배치하는 것이다. 시퀀스는 교육과정 전반에 걸친 많은 개념의 기초를 이루는 핵심 기술로서 아동에게 효과적으로 코딩을 소개하는 수단이 될 수 있다. 아동문학을 통해서도 시퀀스를 쉽게 가르칠 수 있다. 예를 들어, 빨간모자 이야기의 경우, 빨간모자가 할머니 집에 가는 과정을 순서대로 정확히 나열하라고 할 수 있다. 이는 아동이 이야기의 순서를 이해하는 데 도움이 된다.

● 루프

코딩에서 루프(Loop)를 사용하면 몇 번이고 반복하여 작업을 수행할 수 있다. 컴퓨터를 중지하라는 지침을 제공할 때까지 루프는 반복된다. 아동에게 코딩을 설명할 때는 아동이 이미 매일 하고 있는 일을 예로 드는 것이 효과적이다. 예를 들어, 매일 아동이 도보 또는 자동차로 동일한 방향으로 간다면 이것을 루프라고 할 수 있다. 아동에게 학교 가는 단계를 설명하도록 하면, "집에서 정류장까지 걷기 → 버스 기다리기 → 버스 타기 → 네 정거장 지나기 → 학교 도착 → 교실에 걸어가기"라고 할 것이다. 매일 동일한 단계를 반복하기 때문에 이것은 루프라고 할 수 있다. 우리는 이 루프를 100일간 매일 반복하라고 하거나 주말은 빼고, 평일에만 반복하라고 컴퓨터에 지시할 수 있다. 이러한 지시는 컴퓨터가 루프 수행을 중지할 시기를 알게 해준다.

● 분해

분해(Decomposition)는 문제를 보다 관리하기 쉬운 단계로 쪼개는 것을 의미한다. 우리는 아동에게 일상생활을 작은 단계로 나누도록 요청함으로써 분해에 대해 가르칠 수 있다. 예를 들어, 아동에게 양치질하는 법을 가르쳐 달라고 해보자. 아동은 칫솔을 재빨리 집어 들고 칫솔질하는 것에 대해 말할 것이다. 아동에게 작은 단위로 나누어 생각해보게 하자. 물을 틀어야 하고, 칫솔을 집어 들고, 칫솔에 치약을 짜서 올려놓아야 하고, 약간의 물을 적신 다음 칫솔을 입안에 넣고 치아를 위아래로 문질러야 한다. 양치질 하나에도 이렇게 많은 단계가 필요하다.

● 분기

분기(Branch)는 기본적으로 선택할지 말지를 결정하는 조건을 점검하는 것을 의미한다. 즉, 무슨 일이 일어나고 있는지 또는 무슨 일이 있었는지에 따라 결정을 내리는 것이다. 아동에게 분기 개념을 설명할 때는 다음과 같이 다양한 단계로 이루어진 일과를 예로 들 수 있다.

① 기상 → ② 옷 입기 → ③ 아침 식사 → ④ 세수 및 양치질 → ⑤ 등교 → ⑥ 하교 → ⑦ 놀기 → ⑧ 저녁 식사 → ⑨ 독서 → ⑩ 취침

그다음 더 자세히 물어보자. "그런데 수요일에 방과 후 교실이 있다면 어떻게 일과를 어떻게 바꿀 수 있을까?" 또는 "그런데 목요일 저녁에 외식해서 집에 늦게 들어와 독서 시간이 없어진다면, 이것은 무엇을 의미할까?" 루틴과 '정상적인' 루틴의 변형을 사용하면, 아동은 분기가 무엇을 의미하는지 이해할 수 있다.

● 디버그

디버그(Debug)는 원하는 결과를 생성하기 위해 지시 안에서 발생하는 문제를 해결하는 것이다. 문제해결은 컴퓨터 프로그래밍에서 큰 부분을 차지하므로 디버깅은 중요한 코딩 개념이다. 디버깅의 예를 들면, 아동에게 따라야 할 단계를 제공하고 오류를 만드는 것이다('시퀀스'를 작성하되 한 단계는 잘못된 순서에 배열). 미로에서 장애물이나 벽에 부딪히게 하는 지시를 내리면, 아동은 곧 이러한 지시에 '문제'가 있다는 것을 깨닫고, 미로 문제를 해결하기 위한 방법을 찾아내야 한다. 디버깅은 이해하기 쉬운 코딩 개념은 아니므로 아동이 인내심을 잃어버릴 수 있다. 그러나 아동의 미래에 필수적인 탄력성과 문제해결 기술을 구축하는 데 도움이 된다는 점에서 의미가 있다.

③ 아동 코딩 교육의 사례

취학 전 또는 초등 저학년 아동을 대상으로 한 코딩 교육은 크게 전

기선이 꽂힌 기기들을 활용하는 플러그드(Plugged) 교육과 그렇지 않은 언플로그드(Unplugged) 교육으로 나누어 볼 수 있다. 플러그드 교육의 경우에는 아동이 좀 더 친숙하게 다가갈 수 있도록 스마트 패드를 활용해서 블록형 코딩 언어를 배우게 한다. 언플러그드 교육은 프로그램을 사용하지 않고 부담감을 적게 가지고 컴퓨팅 사고력에 기반하여 코딩에 대한 이해를 높일 수 있다. 컴퓨팅 사고력에 기초한 언플러그드 코딩은 아동이 컴퓨터를 이해하는 데 핵심적인 역할을 한다. 언플러그드 교육에는 스마트 기기에 직접 입력하기, 전용 앱을 이용한 코딩 교육용 로봇 활용하기, 알고리즘을 활용한 코딩절차 연습하기 등이 있다.[15]

● 스마트 기기에 직접 입력하기

스마트 기기에 직접 입력하는 코딩 방법이다. 아동이 스마트 기기에 직접 입력하면서 쉽게 코딩을 시작할 수 있게 해준다. 예를 들어, 코딩 애벌레(Coding Caterpillar)는 앞으로, 뒤로, 왼쪽, 오른쪽, 노래와 같은 코드를 하나씩 연결하여 움직이는 기기이다.

● 전용 앱을 이용한 코딩 로봇

전용 앱을 활용한 코딩 로봇의 예는 대시 앤 닷(Dash & Dot)을 들 수 있다. 코딩 로봇은 안드로이드나 IOS 전용 앱을 활용하여 움직일 수 있는데, 로봇만 움직일 수도 있고, 실로폰과 같은 부속품을 장착하여 움직일 수도 있다.

15 김대욱, 2019.

그림 4.6_ 스마트 기기에 직접 코딩하는 코딩 애벌레
자료: 피셔프라이스

그림 4.7_ 전용 앱을 이용하여 코딩하는 대시 앤 닷(왼쪽)과 대시 앤 닷 with 실로폰(오른쪽)
자료: 마르시스에듀

● 알고리즘을 활용한 코딩절차 연습하기

알고리즘을 활용한 코딩절차 연습은 블록을 활용한 방법과 종이카드를 활용한 방법으로 구분할 수 있는데, 블록을 활용한 방법은 코딩 놀잇감이 제공하는 제한된 환경에서 정해진 방법으로 알고리즘을 활용하는 것이다. 예를 들어, 큐비코(Cubico)는 순서도와 알고리즘의 이해를 쉽게 해준다. 블록을 이용해서 다양한 순서도를 경험한 이후에는 자유롭게 순서도를 활용하여 알고리즘 짜는 연습을 할 수 있다. 종이카드를 이용한 스카티고(Scottie Go)는 여러 가지 순서도를 조합하

그림 4.8_ 블록을 활용한 알고리즘 코딩절차 연습 큐비코
자료: 누리놀이

그림 4.9_ 종이카드를 활용한 알고리즘 코딩절차 연습 스카티고
자료: JEI 재능교육

여 알고리즘을 짜볼 수 있는 코딩 놀잇감이다. 이를 통해 알고리즘에 대한 이해를 높일 수 있다.

3. AI 시대와 아동 권리

AI에 대한 관심이 높아지고 있음에도 불구하고 AI가 아동과 그들의 권리에 어떤 영향을 미치는지는 별로 관심이 없다. 본 절에서는 아동 권리 협약(CRC)의 정신에 근거하여 AI 과학기술이 개인정보 보호, 교육, 놀 권리 등과 같은 아동 권리에 미칠 수 있는 긍정적 또는 부정적인 영향을 살펴보고자 한다.

3-1 가정에서 아동 권리: 유튜브

유튜브는 6~12세 미국 아동의 80%가 매일 시청하는 '최고의 어린이 브랜드'이다. 이들 아동 중 96%는 유튜브를 알고 있고, 94%는 유튜브를 사랑하거나 좋아한다고 답하였다. 2015년 유튜브는 아동에게 안전하고 나이에 적합한 콘텐츠를 제공하기 위한 수단으로 유튜브 키즈라는 전용 플랫폼을 출시하였다. 유튜브나 유튜브 키즈가 채택한 추천 엔진인 머신러닝 알고리즘은 아동이 플랫폼에서 최대한 많은 비디오를 볼 수 있도록 최적화되어 있다. 터치스크린 기술과 플랫폼 설계는 어린 아동이 정보를 입력하지 않고도 유튜브나 유튜브 키즈의 동영상 수천 개에 접근할 수 있게 해준다.

그러나 이 추천 시스템은 콘텐츠의 질이나 교육적 가치를 담보해주지 않는다. 아동 프로그램 개발 회사들도 시청자 수나 시청 시간을 극대화하는 데에만 관심이 있으므로 교육적 가치와 같은 질보다는 양을 우선시하는 유튜브에 맞게 게시물을 제작한다. 특히, 유튜브 및 유튜브 키즈의 알고리즘에 기반한 '연관 동영상' 추천으로 아동이 질 나쁜 콘텐츠의 '필터 버블'[16]에 쉽게 갇힐 위험이 있다.

필터링 알고리즘은 또 다른 문제도 일으킨다. 시청자 시간을 최대로 늘리기 위해 많은 외부 기관이 유튜브 및 유튜브 키즈 알고리즘 검색 프로세스를 공동으로 선택하는 경우인데, 이는 아동에게 엄청난 결과를 초래할 수 있다. 예를 들어, 18세 이상이면 누구나 유튜브에 콘텐츠를 만들고 업로드할 수 있으며, 이들의 저작물은 전문 프로토콜의 규제를 받지 않는다. 유튜브 및 유튜브 키즈의 알고리즘 발견 프로세스는 판매자가 원하는 콘텐츠가 플랫폼의 연관 동영상 엔진에서 잘 작동하도록 조작될 수 있으며, 그 결과 자극적인 콘텐츠가 활성화되어 버린다. 이러한 콘텐츠의 우선순위 결정은 유튜브의 머신러닝 알고리즘 사용에 따른 중요한 영향 중 하나이다.

특히, 아동은 콘텐츠 추천에 취약하므로 자극적인 연관 동영상에 관심이 쏠리면서 아동 친화적인 프로그램을 멀리할 수도 있다. 또 다른 문제는 아동이 유튜브 및 유튜브 키즈 관련 광고에 노출될 가능성이 있다는 것이다. 유튜브의 비즈니스 모델은 광고의 '효율성'을 위해 소비자의 IP 주소, 검색 기록, 기기 식별, 위치 및 개인 데이터를 수집하여 이들을 관심사별로 분류한다. 일부 광고회사는 인기 있는 아동 프

16 인터넷 사용자가 개인의 온라인 경험을 개인화하는 알고리즘으로 인해 자신의 신념을 따르고 강화하는 정보와 의견만 만나는 상황

로그램이 있는 유튜브 채널에 광고를 게재하기 위해 Google에 막대한 금액을 지불하기도 한다. 광고주는 유튜브에서 아동을 타겟으로 하기 위해 '어린이', '아동', '유아', '아기', '장난감'과 같은 키워드를 사용한다. 유튜브 키즈는 이러한 광고를 금지한다고 주장하고 있지만, 유튜브 키즈 애플리케이션에는 프로그램으로 위장한 광고들이 가득하다. 예를 들어, 유튜브는 유튜브 키즈에 식음료 유료 광고를 제한하지만, 식품 회사는 자체 브랜드 채널을 통해 아동을 타겟으로 슬며시 자사 제품광고를 할 수 있다. 따라서 기업은 법의 정신에는 위배 되지만 법의 테두리는 벗어나지 않고, 부모나 기타 관계자를 현혹하면서 아동을 타겟으로 하는 방법을 찾고 있다.

3-2 아동의 놀 권리: 스마트 장난감

지난 20년 동안 아동의 여가 활동은 상호작용이 거의 없는 장난감에서부터 반응이 가능한 스마트 장난감으로 크게 변화하였다. AI를 사용한 이러한 장난감들은 인권과 관련된 우려를 불러일으킨다. 예를 들어, 개인정보 보호에 관한 아동 권리를 위반할 소지가 있는지, 그리고 기업이 장난감이나 온라인에 저장된 민감한 정보를 신고해야 할 의무가 있는지(예를 들어, 학대 또는 기타 피해를 보았다는 표시 등) 등이다.

스마트 장난감 프로세스와 관련하여 ① 아동과 상호작용하는 장난감, ② Wi-Fi 연결을 하는 모바일 애플리케이션, ③ 데이터가 저장되는 장난감(소비자의 개인 온라인 계정 등) 세 가지 문제가 있다. 이러한 장난감은 장난감과 상호작용하는 아동이 제공한 데이터를 저장하

그림 4.10_ Cloud Pets
자료: Cloud Pets

고 처리하는 클라우드 기반 서버와 교류한다. 이 모델로 인해 발생하는 개인정보보호 문제는 Cloud Pets 사례를 통해 알 수 있다. Cloud Pets에서는 80만 개 이상의 장난감 계정이 해킹되어서 고객(아동 포함)의 개인정보가 노출된 사례가 있었다. Cloud Pets는 아동의 부모와 친구들이 음성 메시지를 전달할 수 있도록 인터넷이 연결된 봉제 인형이다. FBI에 따르면, Cloud Pets를 웹에 연결할 때 사용하는 이메일 주소나 암호와 같은 민감한 정보가 노출되는 것보다 더 큰 문제는 소아 성애자가 해킹을 통해 오디오나 비디오를 다운로드할 수 있다는 것이다.

또 다른 사례로는 헬로 바비 인형(Hello Barbie Doll)의 경우가 있다. 바비 인형 제조업자 Mattel은 Toy Talk, Inc.와의 협력을 통해 FAQ를 발표하였다. 먼저 이 문서는 보안 TLS(HTTPS) 네트워크상에서 인형과 아이 사이의 대화가 이루어지므로 블루투스(Bluetooth) 기술

그림 4.11_ 헬로 바비 인형
자료: Toy Talk

로 도청할 수 없다고 밝혔다. 또한, 인형을 도청에 취약할 수 있는 제삼자의 Wi-Fi에 연결하지 말 것을 권고하였다. 나아가 헬로 바비 인형이 항상 듣고 있는 것은 아니며, 인형을 갖고 놀지 않을 때는 비활성화 상태로 전환 된다고 주장하였다. Mattel에 따르면, 이 인형은 시리(Siri)와 유사한 인식 기술을 갖고 있으며, 벨트 버클을 눌렀을 때만 활성화된다. 마지막으로 회사는 아동이 인형과 대화하면서 민감한 정보를 공개할 수 있는 상황을 최소화하기 위해 인형은 개인정보를 유출하려는 의도의 질문을 하지 않는다고 말하였다.

부모는 자녀의 Toy Talk 클라우드 계정에 접속하여 자녀의 개인정보가 삭제된 상태에서 자녀가 한 말을 청취할 수 있다. Toy Talk는 안전 조치로서 아동 대상 웹 사이트 및 온라인 서비스의 규정 준수 프로그램인 FTC의 KidSafe Seal Program에도 참여한다. 웹 사이트 또는 온라인 서비스가 취득할 수 있는 인증서에는 KidSafe 인증서와 KidSafe+ 인증서 등 두 가지가 있다. KidSafe+ 인증서는 추가 요구 사항과 COPPA 준수를 요구한다. 헬로 바비는 COPPA에 의해 보호되는 연령대의 아동을 대상으로 하기 때문에 Toy Talk는 기본적인 KidSafe의 요구 사항뿐만 아니라 KidSafe+의 추가 사항도 준수해야 한다. 예를 들어, 헬로 바비 인형과 아이의 대화는 암호화되어 신뢰할 수 있는 네트워크에 저장된다.

이러한 안전 조치에도 불구하고 회사는 장난감을 통해 공유되는 민감한 정보(예를 들어, 학대, 자살, 기타 자해에 대한 생각을 공유하는 아동)를 보고하거나 적신호를 보내야 할 의무가 있는가에 대한 이슈가 제기된다. 예를 들어, COPPA는 13세 미만 미성년자의 개인정보 권리를 보호하기 위해 부모의 동의를 얻어 미성년자에 관해 수집된 정보를 공개하도록 회사에 요구하고 있다. 그러나 아동학대나 방임으로 의심되는 경우를 보고해야 한다는 의무는 부과하지 않는다. 궁극적으로 이러한 문제를 해결하는 대부분의 메커니즘은 회사 자체에서 설계되었다. 헬로 바비 인형의 경우 왕따나 학대와 같은 심각한 대화 상황에서 "어른과 이야기해야 할 것 같아"와 같은 자동 응답을 생성하였다. 이러한 방식은 문제해결을 위해 중요한 조치이긴 하지만, 부모나 자녀가 직접 행동을 해야만 하는 문제가 있다. 과연 얼마나 많은 아동이 성인에게 이야기하라는 응답을 따를지, 집에 있는 성인이 아동에게 위해를 가하는 당사자라면 이러한 조치가 무슨 의미가 있을지 의문이다.

3-3 학교에서의 아동의 권리: 교육에서의 AI

학교에서 AI 기반 도구는 학습자 대면, 교사 대면 및 시스템 대면 등으로 분류된다. 학습자가 대면하는 조정 학습 시스템은 각 아동의 필요에 맞춤형 자료를 전달하는 알고리즘, 평가, 아동 피드백 및 다양한 매체를 사용한다. 예를 들어, AI는 특히 특별한 도움이 필요한 아동의 사회적 기술을 향상시키는 데 사용될 수 있다. AI를 이러한 목적으로 사용하는 회사 중 하나는 착용형 컴퓨터(Wearable Computer)를 통해 자폐증 문제를 해결하는 Brain Power가 있다.

한 가지 예를 더 들면, 언어 학습 앱인 듀오링고(Duolingo)가 전 세계 300,000개 이상의 교실에서 학생들에게 개별적인 피드백을 제공하고 있다. 교사 중심 카테고리에서 AI는 과제 채점 및 표절 같은 교사의 행정 업무를 도와준다. 예를 들어, Carnegie Learning은 학생들이 과제를 수행할 때 교사에게 계속 정보를 제공하는 AI 증강현실 어시스턴트를 구축한다.

위에서 언급한 소프트웨어와 툴 외에도 AI 통합 로봇이 교실로 들

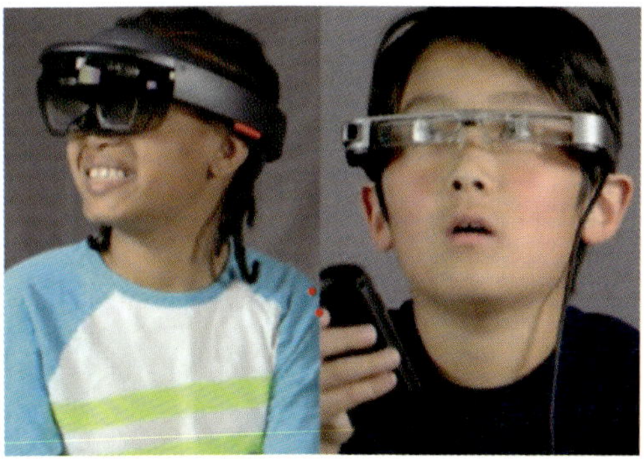

그림 4.12_
자폐아를 위한 착용형 컴퓨터
Brain Power

어와 교육 방법과 실습을 변화시키고 있다. 교육용 로봇은 아동의 사회적 기술의 발달을 돕고 원격교육을 통한 개별학습과 같은 큰 혜택을 주기도 하지만 위험성도 있다. 로봇 사용을 통해 긍정적 또는 부정적인 영향을 받을 수 있는 인권으로는 착취 및 학대로부터의 보호 권리 및 장애 아동의 보호에 대한 권리뿐만 아니라 교육에 관한 권리가 있다.

고급 머신러닝 및 딥러닝 기술을 통해 급증하는 또 다른 사용 사례는 아동을 감시하는 것이다. 어느 정도의 감시는 질 높은 보안을 약속하지만, 감시는 과거보다 아동을 더 위험에 노출하게 만들 수 있다. 긍정적 측면에서 최근 New Delhi 경찰관은 얼굴 인식 기술을 통해 4일간 거의 3,000명의 실종 아동을 식별하였다. 그러나 감시는 개인정보보호, 안전 및 보안 위험을 유발한다. 특히, 교육적 상황에서 위험을 감수하고 다른 방식으로 표현하려는 아동의 능력과 의지를 제한할 수 있다. 교실에서 아동의 참여에서 정서 상태에 이르기까지 모든 것을 지속적으로 모니터링하는 상시 감시 관행은 자기 검열과 사회 통제를 과도하게 만듦으로써 아동의 창의성, 선택의 자유 및 자기 결정을 위협한다. 학교와 교실에 자동감시 기술이 배치되면 개인정보보호 권리, 차별받지 않을 권리, 번성할 권리, 표현의 자유와 같은 아동의 권리는 위태로워질 수 있다.

누가(정부, 교사, 부모 등) 감시를 하고 어떤 목적으로 하느냐에 따라 위험성이 다르긴 하지만, 아동들을 카메라로 지속해서 촬영하는 것에 따른 잠재적 사기 저하는 부정할 수 없다. 아동에게 실보다 득이 클 수 있도록 교실 감시의 주체, 목적, 사용 도구 및 방법, 안전장치 등을 고려하고 평가하는 것이 중요하다.

※ 다음 문장에 대해 O 또는 X로 답하시오.

|1| 최근 인터넷 중독의 부작용 등으로 아동에게 컴퓨터 등의 AI 과학기술을 가르치는 것에 대해 부정적 인식이 증가하고 있다. O X

|2| 디버깅은 아동이 가장 이해하기 쉬운 코딩 개념이다. O X

|3| 아동을 위한 코딩 교육은 컴퓨터 없이도 가능하다. O X

|4| 유튜브 키즈의 연관검색어 기능은 아동의 권리를 보호한다. O X

※ 다음 문제에 대해 적절한 답을 고르시오.

|5| 다음 중 아동을 위한 AI 리터러시 개념과 관련이 적은 것은?

가) AI에 관한 지식　　나) AI 활용 능력
다) AI 프로그램 개발　　라) AI에 대한 태도

|6| 다음 문장과 관련된 코딩 교육의 이점은 무엇인가?

"아동은 코딩하는 과정에서 실수하고 좌절을 경험할 수 있다. 코딩과 같은 새로운 분야를 배우는 것은 일종의 도전이며, _____이라는 귀중한 기술을 길러준다."

가) 문제해결 나) 창의성
다) 인내심 라) 역량

|7| ______의 발달도 유치원에서 시작하여 초, 중, 고등학교까지 계속되며 대학까지 확장될 수 있다. 괄호 안에 들어갈 단어는 무엇인가?

가) AI 리터러시 나) 코딩
다) AI 과학기술 라) 디지털 양육

※ 다음 보기에서 해당되는 것을 고르시오.

알고리즘, 시퀀스, 루프, 분해, 디버그, Brain Power,
Carnegie Learning, Cloud Pets, 스카티고, 유튜브 키즈,
언플러그드 교육, 플러그드 교육

|8| 특정 순서로 작업을 완료하는 것은 무엇인가?

| 9 | 컴퓨터를 중지하라는 지침을 제공할 때까지 몇 번이고 반복되는 것은 무엇인가?

| 10 | 스마트 기기에 직접 입력, 코딩 교육용 로봇 활용, 알고리즘을 활용한 코딩절차 연습 등과 같이 전기선이 꽂힌 기기를 사용하지 않는 것은 무엇인가?

| 11 | 학습자 대면 AI 기반 도구로서 자폐아를 위한 착용형 컴퓨터는 무엇인가?

| 12 | 개인정보를 유출한 봉제 인형 모양을 한 스마트 장난감은 무엇인가?

4장 참고문헌

- 유아 컴퓨터 리터러시 교육 프로그램 개발 및 적용 효과, 김해림, 서울여자대학교 대학원 박사학위 논문, 2020.
- 게임 기반 유아 소프트웨어 교육에서 컴퓨팅 사고력에 영향을 미치는 요인규명, 박남수, 이화여자대학교 대학원 박사학위 논문, 2018.
- 엄마는 궁금하다 SW 코딩 교육이 뭔지, 박은정, 북랩, 2015.
- 유아용 코딩아트 교육을 위한 커리큘럼 설계, 안성혜, 한국예술교육학회 2019 예술교육연구, 2019.
- 유치원의 로봇 활용 현황 및 수업 운영 실태, 이연승, 강민정, 박선미, 유아교육연구, 2013.
- 증강현실 기법을 활용한 아동용 그림책 UI 디자인 비교연구, 이선진, 성균관대학교 대학원 석사학위 논문, 2015.
- 증강현실 그림책과 종이 그림책 활용 유형에 따른 경험이 유아의 읽기 흥미, 이야기 이해력, 주의집중에 미치는 영향, 이정, 중앙대학교 대학원 석사학위 논문, 2018.
- 영유아 언어교육의 이해, 한유미, 김혜선, 권희경, 양연숙, 백은정, 학지사, 2013.
- 스웨덴 영유아 교육기관에서의 AI 과학기술 활용 동향, AI와 인간 사회, 한유미, 오연주, 지혜영, 2021.
- 도교육청 R-러닝 교육용 로봇 제대로 활용되나(4), 경남도민 신문, 2014. 7.2.
- 도교육청 R-러닝 교육용 로봇 제대로 활용되나(5), 경남도민 신문, 2014. 7.9.
- 유치원부터 초,중,고까지 '인공지능 교육' 단계적 도입, 아시아경제, 2020. 11.20.

- Arfé, B., Vardanega, T.,Ronconi, L.(2020). The effects of coding on children's planning and inhibition skills. Computers & Education, 148.
- Burgsteiner, H., Kandlhofer, M., & Steinbauer, G.(2016). "iRobot: Teaching the Basics of Artificial Intelligence in High Schools," in 6th Symposium on Educational Advances in Artificial Intelligence, Phoenix, USA,
- Kaleliogˇlu, F.(2015). A new way of teaching programming skills to K-12 students. Computers in Human Behavior 52 (2015) 200-210
- Kandlhofer, M.,Steinbauer, G., Hirschmugl-Gaisch, S., & Huber, P.(2016). Artificial Intelligence and Computer Science in Education: From Kindergarten to University. IEEE Frontiers in Education Conference(FIE)
- Marklund, L.(2019). Swedish preschool teachers' perceptions about digital play in a workplace-learning context. Journal Early Years
- McLennan, D. P.(2017). Creating Coding Stories and Games, Teaching Young Children, February/March 2017
- Prentza, J.(2013). Artificial Intelligence Methods in Early Childhood Education, Artificial Intelligence, Evolutionary Computing and Metaheuristics, 169-199
- https://howtospell.co.uk/benefits-of-coding-for-kids
- https://www.idtech.com/blog/5-reasons-your-child-should-learn-to-code
- https://www.webmd.com/parenting/features/childhood-artificial-intelligence-ai#1
- https://www.unicef.org/innovation/media/10726/file/ Executive %20Summary:%20Memorandum%20on%20Artificial%20Intelligence %20and%20Child%20Rights.pdf

5장

AI 시대의 문학과 스토리텔링

1. 스토리텔링의 기본 요소

1-1 스토리텔링의 시작: 구술문학 시대

구술문학 시대에 사람들은 지금 현대인들이 가진 문학이라는 개념을 갖고 있지 않았다. 그들은 생각나는 이야기를 옆 사람에게 혹은 가족과 이웃에게 해 주었을 뿐이고, 그 이야기를 들은 사람들은 자신의 기억과 취향에 맞추어 이야기를 다시 그대로 전하기도 하고 때로는 이야기를 하는 상황에 따라 적당히 이야기를 덧붙이거나 빼면서 그 이야기를 전달해 갔다. 원전이라는 개념이나 저작권이라는 개념은 당연히 존재하지 않았으며 그들은 그때 같이 있는 사람들의 성격에 따라, 혹은 이야기를 나눌 수 있는 시간의 한도에 따라 내용을 적절히 늘리거나 줄이면서 재미나게 들릴 법한 요소들을 덧붙이기도 하고, 적절해 보이지 않는 요소들을 빼기도 하면서 이야기를 나누었다.

특히, 부족의 선조의 기원에 대한 신화 혹은 전설 등 어떠한 공동체의 존속을 위한 이야기들은 공동체 내에서 더욱 끈질기게 지속해서 전달되었다. 신화와 전설은 우주와 자연의 기원을 설명하고, 자신들의 종족 우월성을 설명하면서 그 공동체가 전수해야 할 가치관을 후대에 남겨주는 것이기에 그 공동체 구성원들에게 큰 의미가 있었다. 따라서 지금 비록 문자화된 모습으로 남아 있지 않다고 하더라도 전 세계의 부족들은 모두 나름의 신화와 전설을 가졌으리라고 가정할 수 있다.

오늘날 전 세계에 가장 잘 알려진 신화라고 할 수 있는 그리스, 로마 신화는 물론이고, 북유럽, 웨일스 지방, 근동 및 중동 지방, 중국,

한국, 일본 등 세계의 거의 모든 나라에서 그들만의 고유한 신화를 가지고 있으며, 전설을 전수하고 있다는 점은 이야기하기가 인간에게 얼마나 본질적이고 보편적인 요소인지를 반증한다.

신화나 전설뿐 아니라 다른 이야기들도 존재한다. 우리가 흔히 동화라고 부르는 구전 민담들이 그것이다. 앞서 말한 신화와 전설에서는 신, 반신(Demigod), 영웅 등 초자연적 성격의 존재들이 주인공이지만, 민담은 비록 그 이야기 안에 초자연적인 요소, 혹은 요정이나 산신령 같은 초인적인 존재들이 등장한다고 하더라도 평범한 사람들이 주인공이 된다는 점에서 신화나 전설과 차이점을 보인다.

이러한 민담들은 부족과 공동체에 따라 서로 다른 경우도 많지만, 매우 유사한 종류의 민담들이 세계 곳곳에서 발견되기도 한다. 이것은 아마도 어떤 이야기들은 그 부족의 경계선을 넘어 다른 부족에게, 다른 지역에게 끝없이 퍼져나갔기 때문일 것이다. 예를 들어, 우리가 흔히 신데렐라 이야기라고 알고 있는 이야기의 전개 방식은 근동 지방에서 기원전에 처음 시작하여 북유럽, 동유럽을 거쳐 남유럽, 서유럽으로 퍼져나갔다. 그리고 실크로드를 거치면서 중국, 심지어 한국까지 퍼졌고 밑으로는 인도까지 퍼져 내려갔다. 신데렐라 이야기와 유사한 이야기들은 전 세계에 걸쳐 1,000여 개 정도 발견되었으며, 그중 유럽에서만도 500여 개가 발견되고 있다.

이렇게 유사한 내러티브 패턴을 가진 이야기들을 분석해보면 이야기가 전파되면서 전체적인 골격은 유지되면서도 내러티브에 새로운 요소가 추가되거나 대치되고 있음을 알 수 있다. 내러티브 단위 분절화(Narrative Unit Segmentation) 방식은 민담 유형을 분류하기 위해 발전한 분석 방법인데, 이 방식은 지역별 공통 내러티브 단위와 차

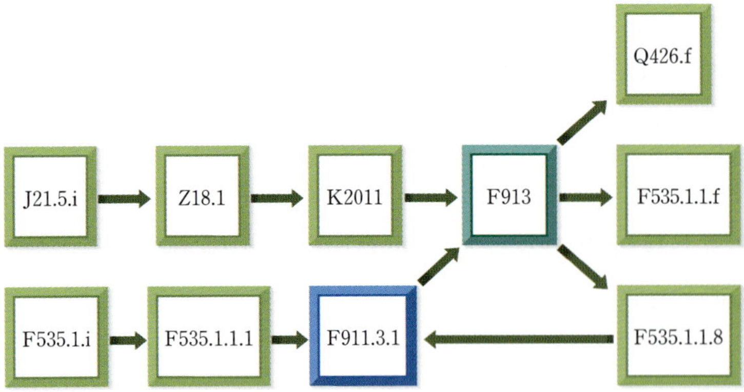

그림 5.1 _ 내러티브 단위 분절화 방식의 예시

별화된 내러티브 단위, 그것의 연결 고리 분석 등에 유용하다. 이때 사용되는 내러티브 단위는 사실상 스토리텔링의 기본 요소라 할 수 있으며 민담뿐만 아니라 다른 형식의 이야기들을 구성하는 기본 요소로 무한히 재생산되는데, 이 요소들을 어떻게 결합하는가에 따라 익숙한 듯하면서도 새로운 이야기들이 탄생하며 지속적인 변주가 가능하다.

1-2 스토리텔링 패턴과 디지털 시대의 스토리텔링

구술시대의 문학은 문자 시대의 문학작품과는 달리 가변적이고 유동적이라는 점에서 오늘날 디지털 시대의 스토리텔링과 유사한 면모를 지니고 있다. 즉, 공유, 확대, 파생, 보강 등의 과정을 겪는다. 고대 그리스 신화, 트로이 전쟁 이야기, 중세 시대의 아서왕 이야기 등이 대표적인 예라고 할 수 있다. 이러한 이야기들에서는 핵심적인 주인공과 기본 플롯을 공유한다. 가령 아서왕 이야기에서는 기본적으로 아서왕과 원탁의 기사들이라는 주인공들을 공유하고 이 기사들이 모험을 떠나 전투를 벌이고 사랑을 한다는 기본 플롯이 존재한다. 그런데 이 기사들은 각자 다른 가문 배경을 지니며, 또한 각각 모험을 떠나 다시 다른 사람들을 만나고 얽히면서 새로운 이야기들을 만든다. 그러면 이 이야기를 전해 들은 청중과 이야기꾼은 그 이야기를 바탕으로 새로운 모험과 사랑 이야기를 만들고, 다시 그 등장인물들끼리 연결하는 새로운 모험과 사랑 이야기를 만들기도 한다. 전체적으로 아서왕과 이 기사들의 이야기는 느슨하게 연결되어 있고 기사들끼리

표 5.1_ 아서왕 이야기의 변이와 전파

연도	작가	이야기
1136	Geoffrey of Monmouth	영국 왕들의 역사
1150 ~1155	Wace	Roman de Brut (위 책의 프랑스어 각색)
1165 ~1180	Chretien de Troyes	아서왕 이야기 로맨스(4편)
1160 ~1210	Marie de France	브리튼 노래들
1180 ~1220	Wolfram von Echenbach	아서왕 로맨스(독일어 각색)
13세기초	Robert de Boron	마법사 멀린 이야기
13세기	작자미상	랜슬롯 기사 벌게이트 사이클 (산문판)
13세기	작자미상	성배 이야기 벌게이트 사이클(후편)
13세기	Goffried von Strassburg	트리스탄 기사 이야기
15세기	Thomas Malory	아서왕의 죽음(산문판)

도 느슨하면서도 다각적으로 얽혀있어서 새롭지만 낯설지 않고, 유사하지만 지겹지 않은 이야기 군을 형성하게 되는 것이다.

구술문학의 이러한 요소들은 디지털 네트워크로 연결된 현재의 스토리텔링을 연상시킨다. 독자와 이야기꾼은 기존의 이야기를 공유하고, 그것을 바탕으로 새로운 이야기를 만들어 확대하며 등장인물들의 전사(前史)를 창조하고, 그들에게 새로운 에피소드를 부여하면서 새로운 이야기를 파생시킨다. 이전의 이야기들에서 구체적으로 언급되지 않았던 사건 혹은 인간관계 등에 대해 새로운 이야기를 보강함으로써 이야기 군을 확대시킨다.

그렇다면 이야기가 공유, 확대, 파생, 보강의 단계를 거칠 때, 어떤 요소들이 어떠한 구조로 결합하는가? 신화연구로 유명한 미르케아 엘리아데(Mircea Eliade), 노스롭 프라이(Northrop Frye), 르네 지라르(Rene Girard), 칼 융(Carl Jung) 등은 구술시대의 가장 대표적인 문학인 신화에 대한 연구를 통해 문학의 원형을 파헤쳤다. 그중 가장 대표적인 비평가는 노스롭 프라이인데, 그는 신화의 원형과 기본 패턴을 연구함으로써 스토리텔링의 기본 요소들을 밝혀냈다. 프라이 본인도 인정하는 것처럼 문학을 이처럼 도식화하는 것은 각 작품의 특이성을 무시하고 지나치게 일반화하는 오류를 갖고 있기는 하다. 그러나 전통적인 장르 연구에서 논하는 장르적 관행 역시 개별 문학작품에서는 수많은 예외와 함께 나타난다는 점을 고려하면, 포괄적인 일반론에 대한 검토가 특이성 혹은 개성을 불인정한다는 의미가 아니라 오히려 스토리텔링의 패턴을 이해함으로써 각각의 개성을 더욱 분명히 규명하는 데 도움이 된다고도 말할 수 있다.

가령 비극과 희극에 대한 가장 잘 알려진 장르론은 아리스토텔레스

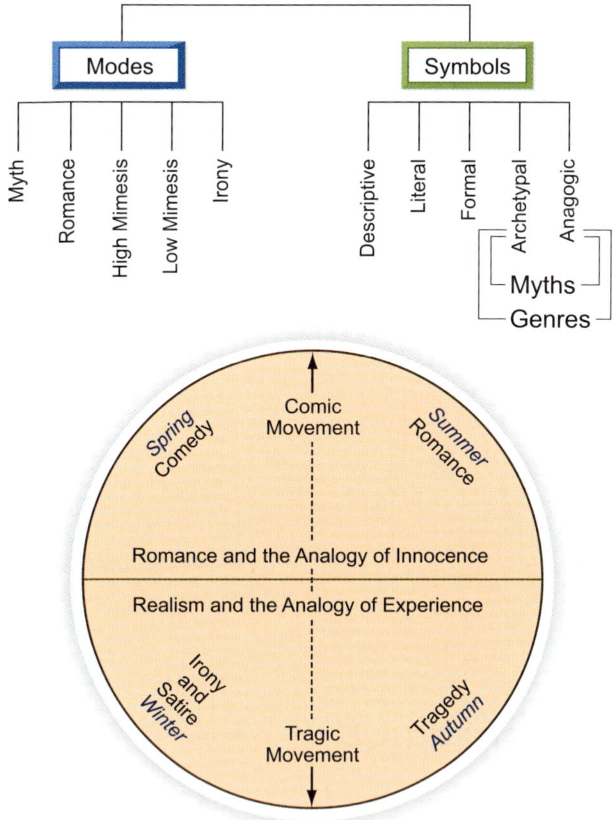

그림 5.2_ 노스롭 프라이의 연구
자료: Anatomy of Criticism, Northrop Frye, Princeton University Press, 1957.

의 『시학』(Poetics)에서 시작하는데, 프라이는 비극과 희극을 다시 각각 5가지 모드(Modes)로 세분화하였다. 예를 들어, 비극은 신화적, 낭만적, 고위 모방(high mimetic), 저위 모방(low mimetic), 아이러니 이렇게 5가지로 분류하였다.

위에서도 언급하였듯이 이처럼 장르, 모드, 모티프, 상징을 도식화하는 것은 문학작품 분석에서는 지나친 일반화이며 각 작가의 상상력

표 5.2_ 비극과 희극의 5가지 모드 세분화

	신화적	낭만적	고위 모방	저위 모방	아이러니
특징	신의 죽음	영웅의 죽음 애도	왕이나 귀족의 죽음	일반인의 죽음과 페이소스	연약한 주인공의 죽음이나 고통
예시		아서왕 이야기	오델로, 오이디푸스	테스, 데이지밀러	주홍글씨

과 창의력이 만들어내는 독특성(uniqueness)과 독창성(originality)을 무화시킬 위험이 있는 것이 사실이다. 그러나 동시에 이러한 분류법은 대중을 대상으로 상업적 성공을 거두고 싶어 하는 스토리텔링 작가들에게는 스토리 구성의 기본 유닛과 패턴을 제공한다는 점에서 매우 매력적인 연구가 되기도 한다.

디지털 시대에 들어와 광범위한 데이터에 대한 수집과 분석이 훨씬 쉬워지면서 이러한 내러티브의 기본 요소들을 분류하고 그것의 활용 예를 분류하는 활동은 가속화되었으며, 활용 범위 또한 문학 작품들을 넘어서 영화, TV, 애니메이션, 게임 등 엔터테인먼트 산업 전 범위로 확대되었다. 엔터테인먼트 산업의 저작물들이 활용하는 내러티브 기본 요소를 분류하고 인기 있는 요소들을 추출하여 가장 잘 활용하는 예는 아마도 넷플릭스일 것이다. 넷플릭스는 빅데이터에 근거하여 시청자의 취향에 가장 어울릴법한 콘텐츠들을 추천해 줄 뿐 아니라, 인기 있는 내러티브 요소들만을 추출하여 시나리오를 만들고 새로운 콘텐츠를 만들어내기까지 한다. 'House of Cards', '지정생존자' 등이 좋은 예이다.

1-3 엔터테인먼트 산업의 스토리텔링

대중들의 흥미를 끌 수 있는 스토리를 만들기 위해서는 인기 있는 내러티브 단위를 확인하는 것만으로 충분하지 않다. 그 단위가 어떻게 연결되고 결합하는가에 따라 강력한 스토리가 되기도 하고, 너무나 뻔하고 지겨운 스토리가 되기도 하기 때문이다. 픽사(Pixar)가 말하는 성공적인 스토리텔링의 규칙은 다음과 같다.

① 위대한 이야기들은 보편적이다. 당신이 그 이야기에서 사랑하는 부분이 무엇인지 그 이야기를 작은 요소들로 나누어 보아라.

② 위대한 이야기들은 분명한 구조와 목적이 있어야 한다. 이야기의 근간(story spine)을 세우고 그 이야기를 왜 해야 하는지 분석한다.

- 이 이야기는 어떠한 신념을 강화시키는가?
- 이 이야기는 어떠한 더 큰 목적에 도움을 주고 교훈은 무엇인가?

즉, 하려는 이야기가 삶에 진정한 의미를 주는 더 큰 목적에 기여한다면 그 이야기는 세상에 더 큰 영향을 준다.

③ 위대한 이야기들은 우리가 응원할 캐릭터들을 갖고 있다. 청중들은 성공이 아니라 노력 때문에 캐릭터에 대해 감탄하고 칭찬한다. 즉, 캐릭터의 종착지가 아니라 여정이 더 중요하다. 캐릭터가 온갖 역경과 싸울수록 더 흥미 있는 위대한 이야기가 된다.

④ 위대한 이야기들은 우리의 감정의 가장 깊은 곳에 호소한다. 분노,

혐오, 공포, 행복, 슬픔, 놀라움 등이 그 좋은 예이다.

⑤ 위대한 이야기들은 놀랍고, 예기치 않게 전개된다. 우리는 고전적인 동화의 스토리라인을 너무 많이 봐와서 이런 것들은 이제 지겹고 구시대적이다. 우리의 기존 관념을 바꾸어놓거나 뒤흔들어 놓는 이야기들이 강렬하게 들린다.

⑥ 위대한 이야기들은 단순하며 초점이 분명하다. 이야기를 단순화하라.

위의 6가지 방법은 수많은 히트작을 낸 픽사 영화의 스토리라인 공식이다. 이것은 영화, TV 드라마, 애니메이션 등 많은 장르에서 통용될 수 있는 스토리텔링 기법이다. 이러한 스토리텔링 기법은 각각 수많은 세부 특징들을 갖고 장르에 따라 더욱 강조되는 요소가 있다. 가령 게임에서는 극적 갈등과 긴장감이 다른 장르보다 더욱 중요하다. 캐릭터는 그들이 원하지 않는 선택을 할 수밖에 없는 상황에 놓이는데, 청중들은 왜 선택하기가 어려운지 잘 이해할 수 있기 때문에 주인공의 난감한 감정에 공감할 수 있다. 또한, 고도의 긴장감이 존재한다. 청중들이 다음에 어떤 일이 발생할지 알 수 없는 극적 갈등이나 긴장감과 같은 요소들이 작동하면, 청중과 참여자는 더욱 그 이야기에 열광하고 빠져들게 된다.

2. AI 시대의 스토리텔링

2-1 트랜스미디어 스토리텔링

2003년 헨리 젠킨스(Henry Jenkins)는 트랜스미디어 스토리텔링(Transmedia Storytelling)이라는 개념을 학계에 처음 도입하여 디지털 시대의 스토리텔링의 특징을 설명하였다. 동일한 스토리라도 각각의 매체는 자신이 가장 잘할 수 있는 방식으로 그 이야기를 도입하는데, 최고의 엔터테인먼트 경험을 제공할 수 있도록 픽션의 핵심적 요소들을 여러 개의 전달 채널에 걸쳐 그 채널의 성격에 맞게 체계적으로 분산시킨다. 이렇게 픽션은 다수의 미디어 플랫폼에 걸쳐 전개되며 각각의 텍스트는 독자적 특징을 지니게 되면서 전체에 공헌한다.[1]

스타워즈, 왕좌의 게임, 해리 포터, 매트릭스 등이 대표적인 예이다. 이야기들은 소설, 애니메이션, 영화, TV 시리즈, 퍼즐, 컴퓨터 게임, 심지어는 짤[2]에 이르기까지 점점 더 다양한 형식으로 이야기를 변환한다. 청중들의 구미에 맞추기 위해 미디어는 이전에는 없던 방식으로 미디어, 마케팅, 엔터테인먼트 전략을 병합하여 새로운 형식의 스토리텔링과 복잡한 내러티브들을 생산한다. 즉, 소셜 미디어, 연결성, 팬 문화, 온라인상의 정보 교환 등이 결합하면서 스토리텔링은 상업적 전략에 따라 계속해서 새롭게 변환하는 것이다.

청중들은 자신의 흥미에 맞는 엔터테인먼트 경험을 위해서라면 미

1 Convergence Culture, Henry Jenkins, New York University, 2006.

2 사람들이 볼만한 재미있는 사진 등을 의미하는 인터넷 용어

디어나 온라인 어느 곳으로라도 옮겨 다니며 이야기의 변주를 즐긴다. 새로운 엔터테인먼트 경험에는 디지털 시대의 '협력적 작가성(Collaborative Authorship)'이라는 새로운 행동 양식이 포함된다(Schiller, 98). 즉, 스토리의 청중이 더는 수동적인 소비자 혹은 관람자에 그치지 않고, 아마추어 베이스에서라도 적극적으로 참가하며 이야기를 생산해내는 역할을 하게 되는 것이다. 이들은 팬으로서 감상평, 짤, 패러디, 팬 픽션(fan fiction), 팬 비디오, 위키피디아 항목 창출, 용어 사전 등 다양한 산출물을 만든다.

과거의 스토리텔링 이론은 주로 어떻게 이야기 혹은 시나리오나 대본 등을 포함한 문자 문학작품이 TV, 영화 등의 콘텐츠로 전환하면서 이야기의 내용 혹은 속성이 변화하는가에 초점이 맞추어져 있었다. 즉, 시각적 내러티브, 시각적 미학 등의 이론이 발달하였다. 인물 구성, 등장인물의 형상화, 통일성 있는 세계관 구축, 단단한 플롯 등 문자 문학에서 중요한 위치를 차지하던 스토리텔링의 요소들은 다수의 플랫폼을 거쳐 가고 다양한 형태의 콘텐츠로 변환한다고 하더라도 여전히 중요한 요소로 여겨졌다. 그런데 디지털 시대의 스토리텔링과 과거의 스토리텔링을 구별 짓는 가장 중요한 요소는 네트워크 텍스트 생태계(Networked Textual Ecology)가 새롭게 형성되었다는 점이다(Daniel Lynch, 162). 텍스트와 네트워크가 결합하면서 단순히 다수의 미디어를 넘나드는 스토리텔링이라는 과거의 개념으로는 설명할 수 없는 새로운 현상들이 생겨났기 때문이다.

인쇄와 디지털 글쓰기가 교차하면서 네트워크된 스토리 시스템을 횡단하는 청중들 덕택에 의미는 이제 더 고정되어 있거나 일방적으로 생성되지 않는다. 청중들은 스토리 시스템을 다방향으로 교차하고 횡단하면서 새로운 의미를 발견하고 공유하고, 그것을 통해 새롭게 의미를 발전 증폭시킨다. 그러한 의미는 새로운 이야기를 생성하고 청중들은 기존의 스토리 체계 안에서 이렇게 생성된 새로운 스토리를 읽으며 기존의 이야기와의 동일성, 유사성, 차이점 등을 발견하고 지적하면서 기존의 스토리와 새로운 스토리 양쪽의 소비자가 되는 동시에 스스로가 스토리의 생산자, 의미의 형성자가 된다. 기존에는 각각의 미디어에서 유통되는 이야기는 그 미디어 내부에서 의미가 분석되고 후속작 역시 동일한 미디어 혹은 플랫폼에서 제한되고 고정된 형태로 생성되었다면, 이제는 미디어와 플랫폼을 자유롭게 횡단하며 의미가 분석되고 후속작이 생겨난다. 텍스트와 과학기술, 내러티브와 네트워크는 서로 교차하고 모바일 기기에 의해 그 의미와 이야기 소비, 생성 모두가 지수적으로 증폭된다.

2-2 AI와 스토리텔링

챗봇의 등장, 지니 등으로 대표되는 AI 시스템의 등장 등은 대화 혹은 이야기가 더 이상 사람의 전유물이 아닐 수 있다는 징후를 보여준다. 이미 AI는 주문한 물건에 대한 질문, 예약 변경, 애로사항 처리 등 기업 활동과 관련된 많은 민원 처리뿐 아니라 대학 대형강의에서 학생들의 질문을 처리하는 기능까지 담당한다. 그래서 사람들은 자신이 챗봇 혹은 AI와 대화하고 있다는 사실을 모른 채 AI를 접하고 있다. 사람들이 자신이 지금 AI 시스템과 대화하고 있다는 사실을 모른다는 것은 AI가 일상적인 '사람'의 대화를 하고 있기 때문이다. AI는 원래 이러한 업무를 담당하던 사람들이 하던 대화를 상황에 적합하게 똑같이 구사한다. 빈번하게 이루어지는 질문, 일정 범위 내에서 정보를 주고받는 정도의 기능적 대화는 현재 수준의 AI에게 그리 어려운 과업이 아니다. 이것은 AI의 자연어 처리(Natural Language Processing, NLP) 기술이 발달했기 때문이다.

현재는 AI가 기능적 대화를 구사하는 수준에 머물고 있지만, 거기에 그치지 않고 AI는 계속해서 진화하고 있다. 얼마 전 문제가 되었던 'AI 이루다' 사건은 좋은 사례이다. 이루다는 2020년 12월 23일 국내 AI 개발 전문 스타트업 '스캐터 랩'이 출시한 앱으로 이용자가 PC나 스마트폰에 설치한 앱으로 문자메시지를 보내면, AI 프로그램이 사람처럼 답변하는 채팅 프로그램이다. 이루다는 카카오톡에서 확보한 대화들을 딥러닝하면서 이용자의 발화 내용과 양상을 스스로 학습해 점점 사람처럼 대답할 수 있게 되었다. 이번 이루다의 경우에는 데이터의 불법 취득 가능성과 설정된 캐릭터가 비윤리적이며 정치적으로 올바르지 않은 대화를 했다는 점에서 문제가 불거지면서 일단 퇴출당하게 되었지만, 사실 이와 같은 대화형 AI는 앞으로도 얼마든지 출시될 수 있고, 이들은 일반적인 사람들과 똑같이 대화할 수 있다. '이야기'를 할 가능성이 점점 커지고 있는 것이다.

NLP가 발전하면서 AI는 사람들의 글을 수정하고 가독성을 높여주는 데에도 사용되고 있다. 가령 2013년 출시된 헤밍웨이 앱은 일반적인 글쓰기의 문제점을 인식하고 수정하며 단락을 다시 써주기도 하면서 글의 가독성을 높인다. 구글에서 쉽게 사용할 수 있는 그래말리(grammarly)와 같은 도구는 영어 문장의 문법을 체크할 뿐 아니라 글의 수준과 목적에 맞게 적절한 단어와 문장으로 바꾸는 단계까지 진화하였다. 글의 가독성, 목적 충실성 등의 임무를 AI가 너끈히 해결하고 있는 셈이다. AI의 글쓰기는 전혀 낯선 일이 아니다.

뉴욕타임스나 워싱턴 포스트 같은 중요한 언론사에서도 이미 주식 시황 소개, 스포츠 경기, 날씨 등 직선적이고 반복적인 짧은 내용은 '봇(bot)'이 기사를 작성하고 있으며 독자들은 이를 알아차리지 못한다. 알고리즘이 발전하게 되면 이와 같은 기사 작성 능력이 확장되어 보다 복잡한 내용의 기사들을 작성하게 되리라는 것은 쉽게 예상할 수 있다. 가령 『스토리텔링과 인공지능』(Storytelling e intelligenza artificiale)을 집필한 조셉 새순(Joseph Sassoon)에 의하면 인공지능은 정치 캠페인, 브랜드 마케팅, 광고산업, 언론, 영화 등 다양한 분야에서 이미 많은 과제를 처리할 수 있다. 대표적인 것은 다음과 같다.

① 특정 분야 스토리텔링의 주요 트렌드를 알 수 있도록 시각자료를 포함한 각종 정보의 데이터베이스로부터 내러티브 요소들을 수합한다.
② 이야기나 영화의 내러티브 모드에서 새로운 변이형들이나 일상적인 모델을 넘어서는 새로운 이야기 전개들을 연구한다.
③ 대량의 노래 가사 데이터베이스로부터 사용 가능한 세련된 노래 가사 조합을 제시한다.
④ 인터랙티브 스토리텔링(Interactive Storytelling)이나 즉흥적 스토리텔링의 경험을 풍부하게 한다.
⑤ 스토리텔링 형식과 가상현실, 증강현실의 결합을 촉진한다.
⑥ 대중들에게 가장 흥미 있는 이슈를 감지하여 그에 관한 정치적 담론을 수립한다.

⑦ 소비자 행동 양식에 대한 빅데이터를 분석하여 광고의 창의성에 기여한다.

위의 예시들은 AI가 결국 데이터의 수집과 분석에 근거해서 필요한 자료들을 제공한다는 점에서 탁월한 역할을 수행한다는 점을 잘 보여준다. 현재 단계에서 AI는 스토리텔링의 보조적 도구로서는 매우 강력한 역할을 수행한다고 평가할 수 있다. 또한, 빅데이터의 처리·분석이 창의적 스토리텔링으로까지 연결되는 것이 그리 먼 여정이 아니라는 것도 보여준다. 그렇다면 창작 차원의 스토리텔링에서는 AI가 어느 정도의 역할을 할 수 있을까?

2016년 런던에서 있었던 '사이파이 영화제(SCI-FI London Film Festival)'에서는 AI 봇(AI bot)이 집필한 '선스프링(Sunspring)'이라는 영화가 발표되었다. 이 영화는 '인터스텔라' 등의 SF 영화의 대본을 텍스트 인식 엔진에 장착한 후, 그것들을 분석하여 가장 자주 함께 등장하는 단어들과 문구들을 예측하도록 만들었다. 심지어 이 영화는 삼만 개의 포크 송을 입력한 데이터베이스를 이용하여 주제가의 가사까지 창작하였다. 이 영화는 AI 창작 집필의 가능성과 한계를 동시에 보여주었다. 즉, 이 영화의 대본은 '극적이고 괴상하게 웃긴다.'라는 평을 받는 등 나름의 매력을 지녔다. 하지만 때로는 연관성 없는 문장들이 나열되는 것처럼 느껴졌다는 평도 받아서 AI bot의 창작 한계를 보이기도 하였다.

그러나 AI의 창작 글쓰기는 계속해서 진화하며 인간의 삶의 구석구석으로 스며들어 그 영역을 넓혀가고 있다. 가령 버몬트 대학(Universtiry of Vermont)의 컴퓨터 스토리 랩(Compurational Story Lab)

그림 5.3_ 영화 선스프링(Sunspring)의 한 장면

은 센티먼트에 기반한 텍스트 분석을 시도하였다. 즉, 소설들을 분석해서 모든 이야기의 빌딩 블록이라고 할만한 것들을 추려내고 분류하는 것이다. 이를 통해 이들은 복잡한 감정의 과정을 만드는 필수적인 빌딩 블록으로 6개의 핵심적인 감정 곡선을 분별해냈다. 그리하여 가장 인기 있는 소설들은 두 개의 패턴을 갖고 있는 것이 발견되었다. 한마디로 신데렐라 이야기처럼 상승-하강-상승 패턴을 보이다가 하강-상승-하강 패턴을 보이는 비극이 뒤따라 온다는 것이다. 이러한 데이터 분석 결과는 사람들의 마음을 붙잡으려면 이야기들의 수많은 빌딩 블록을 어떻게 결합해야 하는지에 대한 방향을 제시하였다.

또한, AI는 수많은 데이터를 분석함으로써 특정 장면에서 사람들의 감정을 끌어올리려면 어떤 음악이나 시각적 이미지를 결합시켜야 하는지도 제시할 수 있다. 특정 감정을 끌어올리려면, 또 특정 시청자층에 어필하기 위해서는 어떤 방식으로 결합시켜야 하는지 아이디어를 제공할 수 있다. 에릭 추 등(Eric Chu et. als.)이 말하고 있듯이 AI가 주 집필자가 되는 것이 시기상조라고 할지라도 공동창작자(Co-creator)의 역할을 충분히 담당할 정도로 성장한 것으로 보인다. 즉,

컴퓨터는 슬픈 이야기를 하거나 스스로 울지는 못하지만, 우리가 언제 울지는 말할 수 있으며 울도록 만들 수 있다. 셰익스피어와 같은 스토리텔링의 거장들은 자신의 창조력과 상상력을 통해 청중들의 찬사를 끌어올릴 방법과 그 순간을 예측하였지만, 이제는 AI가 축적된 데이터를 통해 청중들의 찬사를 끌어올릴 전략을 제시할 수 있는 것이다.

MIT의 미디어 랩과 맥킨지의 소비자 텍 앤 미디어팀은 영화, TV, 짧은 온라인 영상물들을 장면마다 자른 후, 그 장면이 긍정적인 혹은 부정적인 반응을 유발하는지 초 단위로 분석하여 청중들의 감정 곡선을 분석하였다. 이를 통해 어떤 대화, 음악, 시각적 이미지에 청중의 뇌가 반응하는지, 그리고 그 감정 곡선이 전체적으로 어떤 패턴을 만들 때 가장 청중들이 감정적으로 움직이는지 분석하였다. 예를 들어, 사람들이 일반적으로 가장 긍정적인 반응을 보이는 스토리라인은 신데렐라의 패턴과 유사하다는 점이 발견되었다. 그리고 일반적으로는 부정적인 감정보다는 긍정적인 감정을 유발하는 것들이 더 인기 있다는 것도 발견되었다. 그 외에도 감정 변환이 자주 일어나는 것이 좋은지, 부정적인 감정 후 긍정적인 감정으로 향하기 전에 어떤 상승-하강 곡선을 거치는 것이 가장 효과적인지 등 감정 곡선의 변환에 대해 매우 세부적인 분류들이 이루어졌다. 이러한 데이터는 대본 쓰기의 개념과 역할에 대해 완전히 새로운 정의를 요구한다. 또한, 감독 역시 자신의 직관과 경험에만 의존하는 것이 아니라 적절한 음악과 이미지를 찾기 위해 AI와 함께 일해야 한다는 점을 보여준다. 스토리텔링은 이제 작가 한 사람의 힘으로 이루어지는 것이 아니라 AI와 동행하며 이루어지게 된 것이다.

AI 스토리텔링이 중요한 역할을 하는 또 하나의 분야로는 인터액티브 스토리텔링을 들 수 있다. AI, 디지털 인문학(Digital Humanities), 소프트웨어 공학이 결합하면서 쌍방 간의 소통을 통한 인터액티브 스토리텔링이 점점 현실로 나타나고 있다. 아주 초보적인 형태의 인터액티브 스토리텔링의 한 가지 예시는 2018년 런던 디자인 페스티벌(London Design Festival)에서 선보인 '사자를 먹여 주세요(Feed the Lions)'라는 프로젝트이다. 런던 트라팔가 광장에 서 있는 사자 옆에 설치된 태블릿 스크린이나 온라인으로 단어 하나를 사자에게 먹여 주면 AI가 두 줄짜리 시를 만드는 프로젝트였다. AI는 알고리즘을 통해 19세기부터 지금까지 발표된 영국 시의 수많은 단어를 익혔고 트라팔가 사자상은 그것들을 기초로 방문객이 입력한 단어를 이용하여 시를 만들었다. 또 다른 예로는 리비 히니(Libbt Heaney)의 '채털리 부인의 틴더 봇(Lady Chatterley's Tinder bot)'이라는 인터액티브 터치스크린 작품이다. 작품명에서 알 수 있듯이 여기에 나오는 등장인물들은 D. H. 로런스(D. H. Lawrence)의 『채털리 부인의 연인』이라는 소설에서 따왔는데 히니는 이 틴더봇을 위해 소설 속

그림 5.4_ 인터액티브 스토리텔링 작품 '채털리 부인의 틴더 봇'(왼쪽)과 '사자를 먹여 주세요'(오른쪽)
자료: Libbt Heaney(왼쪽), London Design Festival(오른쪽)

의 모든 대화를 데이터로 처리한 후, 틴더봇이 청중들의 메시지에 가장 적합한 구절들을 인용할 수 있도록 알고리즘을 디자인하였다.

이렇게 볼 때 AI 스토리텔링은 기본적으로 데이터를 구축한 후, 그것을 이용할 수 있도록 디자인된 알고리즘을 바탕으로 한다는 점을 알 수 있다. 이것은 어떤 의미에서 보면 인간의 뇌가 창작하는 과정과 닮았다. 창작하는 작가들 역시 어린 시절부터 무엇인가를 읽고 경험하면 그것들이 의식·무의식적으로 뇌에 입력된다. 그리고 작가의 상상력에 의해 그것들이 재조직화하고 특정한 방식으로 연결되어 표현된다. 인간의 뇌처럼 AI 역시 입력과 알고리즘의 과정을 거친다. 이렇게 본다면 인간이 언어를 배우고 사회적 관습을 익혀가면서 타인과 역동적이며 쌍방향적인 의사소통, 즉 대화하고 이야기를 주고받을 수 있듯, AI 역시 강 인공지능으로 발전한다면 강력한 형태의 인터액티브 스토리텔링이 가능하리라 예측할 수 있다.

빅데이터를 기반으로 하는 AI 스토리텔링은 이제 가상현실과 증강현실을 활용하여 인간처럼 보이는 캐릭터를 창조하는 데까지 나아가고 있다. 예를 들어, 신화나 역사 속의 인물들에 대해 역사적, 문화적, 경제적, 기술적 정보를 수집하여 인물을 재창조한 후, 그 인물에 관한 자료를 바탕으로 그 인물이 했을 법한 행동과 대화를 만들어내는 것이다. 이것 역시 데이터 수집과 알고리즘 구축을 기본으로 한다는 점에서는 AI의 기본 체제를 따른다. 그런데 여기에 디지털 인문학, 가상현실, 증강현실이 결합되면서 죽은 친구나 가족과 만나 대화할 수 있고, 역사 속의 인물이나 사람이 살았던 세상도 만들 수 있다. 그리고 우리가 거꾸로 그가 사는 가상현실로 초대되어 그와 함께 대화하고 감정을 공유할 수도 있다. 소설이나 영화 속에서나 상상했던 타임

슬립과 같은 일들이 현실과 가상현실의 벽을 허물고 우리에게 찾아올 수 있는 것이다. AI가 만들어내는 스토리텔링이 메타버스와 결합할 때, 이제 정말 현실 너머의 또 다른 세상, 현실과 대등한 의미로 공존하는 세상, 현실을 대치할 수도 있는 세상을 만들고 가상의 인물과의 대화, 가상의 인물과의 스토리텔링을 구현해 낼 것이다.

활동 1

|1| 스토리텔링에서 AI가 가장 잘할 수 있는 분야는 무엇이라고 예측하고, 그 이유는 무엇인가?

|2| AI의 스토리텔링이 인간에게 유익한 결과를 가져올 것으로 생각하는가? 긍정과 부정 어느 쪽이든 그렇게 생각하는 이유와 근거는 무엇인가?

|3| 현재 AI가 만들고 있는 스토리의 수준은 어디까지라고 알고 있는가? 그 예를 찾고 스토리의 수준에 대해 논하시오.

|4| AI의 스토리텔링 기법이 픽사나 디즈니 등의 큰 기획사나 할리우드에서 최대의 수익을 내기 위해 하는 스토리텔링 기법과 차이가 나는가? 어떤 차이가 있는지 혹은 유사점은 무엇인지 논하시오.

5장 참고문헌

- Anatomy of Criticism, Northrop Frye, Princeton UP, 1957.
- Convergence Culture: Where Old and New Media Collide, Henry Jenkins, 2006.
- Between the network and the narrative: transmedia storytelling as a philosophical lens for creative writers., Daniel Lynch, Mariasusai Dhavamony, 1995.
- Storytelling e intelligenza artificiale, Joseph Sassoon, Franco Angeli Edizioni, 2019.
- Transmedia Storytelling: New Practices and Audiences, Ian Christie and Annie van den Oever, Stories, Melanie Schiller, 2018.
- https://www.researchworld.com/storytelling-and-artificial-intelligence/
- https://charisma.ai/
- https://weekly.donga.com/3/all/11/2378200/1
- 메타버스: 디지털 지구, 뜨는 것들의 세상, 김상균, 플랜비디자인, 2020.
- 스토리텔링과 내러티브, 최예정, 김성룡, 글누림. 2005.
- Dean Movshovitz. *Pixar Storytelling: Rules for Effective Storytelling Based on Pixar's Greatest Films*. 2015. Movshovitz.
- https://www.techradar.com/in/news/how-artificial-intelligence-is-creating-new-ways-of-storytelling
- https://www.mckinsey.com/industries/technology-media-and-telecommunications/our-insights/ai-in-storytelling
- https://www.londondesignfestival.com/event/es-devlin-please-feed-lions

6장

AI와 대 유행병

1. 인류와 팬데믹 역사

대 유행병(Pandemic)이 존재하는 동안 인류사회 생활과 문명을 황폐화하였으며, 종종 역사적 과정을 변화시키기도 하였다. 역사적 과정에서 질병 발생은 인류의 건강을 위협하였다. 때로는 역사 과정을 바꾸고 가끔 전체 문명의 종말을 알리기도 하였다. 선사 시대부터 현대에 이르는 최대 유행병 및 전염병을 살펴봄으로써 인류와 전염병에 따른 도전과 응전의 전개 과정을 살펴보도록 하자.

1-1 선사 시대의 팬데믹: 기원전 3000년경

지금으로부터 약 5000년 전에 전염병이 중국 선사 시대의 마을을 휩쓸었다. 시체는 나중에 불에 타 버린 집 안에 채워졌으며, 집 안에서

그림 6.1_ 중국 북동부의 고고학 유적지 'Hamin Mangha'
자료: Chinese Archaeology

소년, 청년, 중년의 해골이 발견되었기 때문에 연령대를 가리지 않았다고 본다. 이 고고학 유적지는 현재 'Hamin Mangha'라고 불리며, 중국 북동부에서 가장 잘 보존된 선사 시대 유적지 중 하나이다(그림 6.1). 고고학 및 인류학 연구에 따르면 대 유행병은 적절한 매장 시간이 없을 정도로 빠르게 발생하였으며, 그 장소에는 다시 사람들이 거주하지 않았다고 한다. Hamin Mangha가 발견되기 전에 중국 북동부의 'Miaozigou'라는 장소에서 대략 같은 기간으로 거슬러 올라가는 또 다른 선사 시대의 대량 매장이 발견되었다. 두 장소 모두 이러한 유적지의 발견은 전염병으로 인해 전체 지역이 황폐화하였음을 보여준다.

1-2 아테네의 팬데믹: 기원전 430년

아테네와 스파르타 사이의 전쟁이 시작된 지 얼마 되지 않은 기원전 430년경, 전염병이 아테네 사람들을 황폐화시켰고 5년 동안 지속하였다. 일부 추정에 따르면 사망자 수는 10만 명에 이른다고 한다. 그리스의 역사가 투키디데스(기원전 460~400년)는 "건강한 사람들은 갑자기 머리에 격렬한 발열과 눈의 발적과 염증, 목이나 혀와 같은 안쪽 부분에 피를 흘리며 부자연스럽고 악랄한 숨결을 내뿜었다."라고 하였다. 이 전염병이 정확히 무엇인지에 대해 오랫동안 과학자들 사이에서 논쟁이 이어졌고, 장티푸스와 에볼라를 포함한 수많은 질병일 수 있다는 가능성이 제시되면서 '아테네 역병'이라 불리게 되었다. 수많은 학자들은 전쟁으로 인한 과밀함이 전염병을 악화시켰다고 생각하였다. 이로 인해 스파르타의 군대는 더 강해졌고, 아테네인들은 그들의 도시를 보호하는 '긴 벽'이라고 불리는 일련의 요새 뒤에 피난처를 조성하였다. 전쟁은 아테네가 스파르타에 항복할 수밖에 없었던 기원전 404년까지 계속되었다.

1-3 흑사병: 1346~1353년

14세기에 유행한 흑사병은 아시아에서 유럽으로 이동하며 그 영향으로 모든 영역을 황폐화시켰다. 일부 추정에 따르면 유럽 인구의 절반 이상이 흑사병으로 사망하였다고 한다. 이 대 유행병은 오늘날 멸종될 가능성이 있는 박테리아인 페스트균(Yersinia pestis)의 균주에

그림 6.2_ 흑사병을 묘사한 그림
자료: 죽음의 무도, Michael Wolgemut, 1493.

의해 발생하였으며, 감염된 설치류의 벼룩을 통해 퍼졌다. 희생자의 시신은 대량으로 무덤에 묻혔다.

흑사병은 유럽 역사를 바꾸어놓았다. 수많은 사람들이 사망하면서 노동력을 찾기가 더 어려워지면서 노동자들에게 더 나은 임금을 주었고, 유럽의 농노 제도가 종식되었다. 연구에 따르면 살아남은 노동자들은 육류와 고품질 빵에 더 쉽게 접근할 수 있었다고 한다. 값싼 노동력의 부족도 기술 혁신에 이바지하였다고 볼 수 있다.

1-4 스페인 독감

1918년, 남극에서 북극까지 약 5억 명의 사람들이 스페인 독감의 희

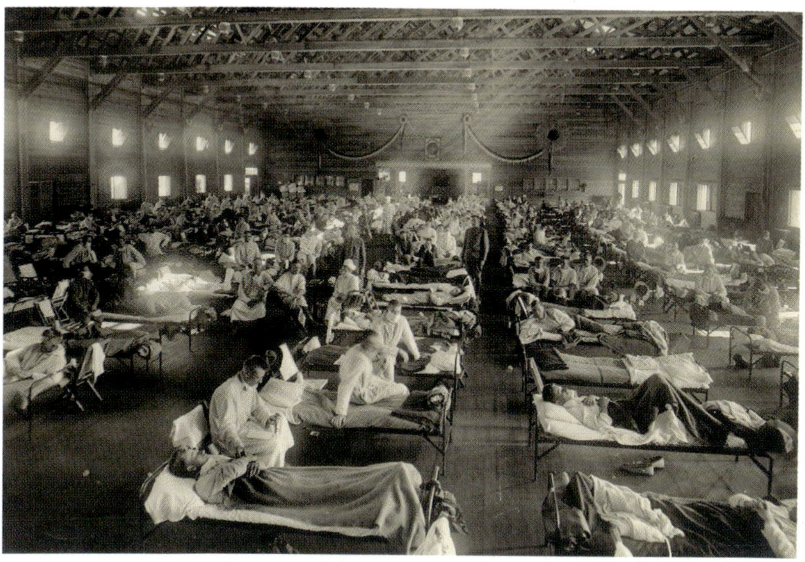

그림 6.3_ 스페인 독감으로 인한 병원 전경 사진
자료: Wikipedia

생양이 되었다. 이들 중 5분의 1이 사망하였고, 일부 원주민 공동체는 멸종 위기에 처하기도 하였다. 독감의 확산과 치사율은 제1차 세계 대전 동안 많은 사람이 경험한 병사들의 비좁은 생활환경과 영양 부족으로 더욱 심해졌다.

스페인 독감이라는 이름에도 불구하고 이 질병은 스페인에서 시작되지 않았을 가능성이 컸다. 스페인은 전쟁 중 중립국이었으며 언론에 대한 엄격한 검열을 시행하지 않았기 때문에 질병에 대한 초기 기록을 자유롭게 게시할 수 있었다. 그 결과 사람들은 이 질병이 스페인에만 국한된 것이라는 잘못된 믿음을 갖게 하였고, 스페인 독감이라는 이름이 붙어지게 되었다.

1-5 에이즈 및 기타 팬데믹: 1981~현재

에이즈(AIDS)는 처음 확인된 시점부터 현재까지 약 3,500만 명의 목숨을 앗아갔다. 에이즈를 일으키는 바이러스인 HIV는 1920년대에 서아프리카에서 인간에게 전이된 침팬지 바이러스에서부터 발생하였을 가능성이 크다. 이 바이러스는 전 세계로 퍼져나갔고, 에이즈는 20세기 후반에 유행하기 시작하였다. 현재 인간 면역 결핍 바이러스(HIV)를 앓고 있는 4천만 명 중 약 64%가 사하라 사막 이남 아프리카에 살고 있다.

수십 년 동안 이 질병에는 알려진 치료법이 없었지만, 1990년대에 개발된 약물은 이제 질병이 있는 사람들이 정기적인 치료를 통해 정상적인 수명을 유지할 수 있게 하였다. 더욱 고무적인 것은 2020년 초부터 두 사람이 HIV로부터 치료되었다는 것이다.

2009년 돼지 독감 유행병은 2009년 봄에 멕시코에서 시작된 새로운 H1N1 변종이 전 세계로 퍼지기 전에 발생하였다. 미국 질병통제예방센터(CDC)에 따르면 이 바이러스는 1년 만에 전 세계 14억 명의 사람들을 감염시키고, 151,700명에서 575,400명 사이의 사람들을 죽였다고 한다.

2009년 유행성 독감은 주로 어린이와 청년에게 영향을 미쳤으며, 사망자의 80%가 65세 미만의 사람들에게서 발생하였다고 보고되었다. 계절성 독감을 유발하는 독감 바이러스를 포함한 대부분의 독감 바이러스가 65세 이상 인구의 사망률이 가장 높다는 점을 고려하였을 때, 이는 드문 일이다. 그러나 돼지 독감의 경우에는 노인들은 이미 H1N1이 속한 바이러스 그룹에 대해 충분한 면역력을 보유한 것처럼 보였으므로 그다지 영향을 받지 않았다. 돼지 독감을 일으킨 H1N1 바이러스 백신이 이제 매년 독감 백신에 포함되었다.

에볼라는 2014년과 2016년 사이에 서아프리카를 황폐화시켰으며, 보고에 따르면 28,600명이 감염되었고, 사망자는 11,325명이었다. 보고된 첫 사례는 2013년 12월 기니에서 발생하였으며, 이 질병은 라이베리아와 시에라리온으로 빠르게 퍼졌다. 이 세 국가에서 대부분 확진 사례와 사망이 발생하였다. CDC는 나이지리아, 말리, 세네갈, 미국 및 유럽에서 더 적은 수의 사례가 발생하였다고 한다.

백신을 찾기 위한 노력이 계속되고 있지만, 사실상 에볼라에 대한 치료법은 없다고 본다. 처음으로 알려진 에볼라 사례는 1976년 수단과 콩고 민주 공화국에서 발생하였으며, 바이러스는 박쥐로부터 발생하였을 가능성이 있다.

최근 남미와 중미에서 발생한 지카 바이러스 전염병의 영향은 몇 년 동안 알려지지 않았다. 한편, 과학자들은 바이러스를 통제하기 위해 시간과의 경쟁에 직면하였다. 지카 바이러스는 일반적으로 Aedes 속의 모기를 통해 전염되지만, 인간에게도 성적으로 전염될 수 있다. 이 바이러스는 일반적으로 성인이나 어린이에게 해롭지는 않지만, 아직 자궁에 있는 유아를 공격하여 선천적 결함을 유발할 수 있다. 바이러스를 옮기는 모기의 유형은 따뜻하고 습한 기후에서 가장 잘 번성하여 남미, 중미 및 미국 남부 일부 지역이 바이러스가 번성할 수 있는 주요 지역이다.

마지막으로 2019년 12월에 중국 우한에서 발생한 신종 바이러스(COVID-19)가 있다. 중국 우한은 방역 감시 시스템이 좋은 도시이다. 이 전염병은 우한에서 처음 발병이 확인되었지만, 다른 곳에서 시작되어 눈에 띄지 않게 유포되었을 가능성도 있다. 정보가 부족하므로 우한에서 발병이 어떻게 시작되었을지에 대한 가설이 제한적이다. 다른

그림 6.4_ 중국 Huanan 도매시장의 전경 사진
자료: UN

곳에서 오염된 감염된 개체, 감염된 동물과의 접촉 또는 오염된 제품과의 접촉을 통해 시작되었을 수도 있다. 우한의 초기 사례는 12월 초에 발생한 것으로 생각된다. 중증 폐렴 감시 데이터의 예비 정보는 우한에서 처음 보고된 사례 이전에 몇 주에서 몇 달 동안 비정상적인 군집이나 추세 이탈이 없음을 보인다.

발생한 사례에 대한 후향적 검토를 통해 2019년 12월에 발병 한 총 124건의 확진 사례가 확인되었으며, 그중 119명은 우한에서, 다른 5명은 후베이성 또는 기타 성에서 발생하였지만, 노출 기간에 모두 '우한'이라는 여행 링크가 있었다. 처음에 확인된 41건의 사례에 관한 연구에 따르면 사례의 70%가 'Huanan 시장'과 관련이 있는 것으로 나타났지만, 시장 및 다른 곳에서의 자세한 노출 요인은 아직 명확하지 않다. Huanan 도매시장은 주로 해산물 제품뿐만 아니라 신선한 과일과 채소, 육류 및 살아있는 동물을 공급하는 대형 시장(653개 노점 및 1,180명 이상의 직원)이다. 2019년 12월 말에 10개의 노점 운영자가 다람쥐, 여우, 너구리, 멧돼지, 거대 도롱뇽, 고슴도치, 시키어 사슴 등 살아있는 야생 동물을 거래하였다. 뱀, 개구리, 메추라기, 대나무쥐, 토끼, 악어와 오소리를 포함한 양식, 야생 및 가축도 시장에서 거래되었다고 전해진다.

이 시장은 2020년 1월 1일에 문을 닫았으며 시장에서의 환경 표본과 냉동동물 사체 표본을 포함한 여러 조사가 시행되었다. 동물에서 수집한 336개 표본에서 SARSCoV-2에 대해 양성 반응이 없었던 반면, 환경 표본 842개 중 69개에서는 SARS-CoV-2에 대해 양성 반응이 나타났다. 그중 61개(88%)는 시장의 서쪽 건물에서 나왔다. 이 중 22개의 표본은 8개의 서로 다른 하수에서 추출되었으며, 3개의 바이러스가 독일의 GISAID에서 분리, 서열 분석 및 공유되었다. 이들은 동시에 수집된 환자 표본과 거의 같았다고 전해졌다(99.9% 상동성).

공급 업체와 구매자 사이에 분석 역학 연구가 없고, 노출 기간에 시장의 노출 요인에 대한 자세한 매핑, 판매된 제품이나 동물의 유형, 테스트에 사용할 수 있는 동물과 상품의 비율, 실험실 표본 결과 해석 등에 대한 조사가 여전히 어렵다. 따라서 시장이 오염원인지, 인간 대 인간 전송을 위한 증폭기 역할을 했는지, 또는 두 요인의 조합인지가 분명하지 않다. 또한, 첫 번째 진단 사례 중 직업, 여행 기록 등 시장 외부의 잠재적 위험 요소에 대한 정보가 제한되어 있다. 심층 역학 조사를 통해 잠재적 위험 요소를 더 잘 이해하는 것은 다른 연구의 성격과 지리적 초점을 맞추는 데 중요한 요소이다. 예를 들어, 시장이 주로 동물 또는 비 동물 제품을 통해 공통 오염원으로 작용했다면, 후속 연구의 초점은 그러한 제품의 출처 추적에 초점을 맞춰야 하지만, 증거가 인간 대 인간을 가능하게 하는 시장을 가리키는 경우 전송, 소스 추적은 다른 곳에 집중해야 한다.

우한에서 사례를 발견하기 전에 중국의 다른 곳에서 비정상적인 사례 또는 사망 사례가 보고되지 않았으며, 2019년 이후 농장 동물에 대한 임상 감시는 추세에서 벗어나지 않은 것으로 나타났다. 전반적으로 우한에서 바이러스가 어떻게, 어디서, 언제 유통되기 시작하였는지는 현재까지도 알려진 바가 거의 없다. 예비 연구는 연구 영역을 좁힐 수 있는 신뢰할 수 있는 단서를 생성하지 못하였기 때문에 연구는 우한에서 발병이 어떻게 시작되었을 수 있는지에 대한 가설을 생성하는 데 도움이 되는 포괄적인 연구 계획을 개발하는 것에 초점을 맞출 것이다.

현재 COVID-19 전염병은 신종 전염병이 사회에 미칠 수 있는 파괴적인 영향을 여실히 보여주고 있다. 대유행이 계속 확산됨에 따라서 전염병이 어떻게 시작되었는지 이해하는 것은 SARS-CoV-2 바이러스의 추가 유입을 방지하고, 향후 새로운 바이러스의 유입을 방지하는 데 필수적이다. 또한, 잠재적으로 치료제 및 백신 개발에도 도움이 될 수 있다.

그러나 바이러스의 기원을 확인하는 것은 복잡한 작업이며, 강력한 국제적 및 다 분야 협력과 전문지식, 역량 및 전 세계적으로 작업을 활용하려는 노력이 필요하다. 2020년 2월 WHO는 바이러스 기원, 바이러스 지속성 및 SARS-CoV-2에 대한 동물 감수성을 포함하는 COVID-19의 모든 측면에서 여러 우선순위 연구 주도권을 개발하고 합의하기 위해 국제 전문가 회의를 소집하였다(WHO, 2020a). 이 연구개발 청사진에 따라 WHO는 바이러스의 기원을 더 잘 이해하는 데 이바지하는 여러 국제 협력 노력을 조정하고 있다. 또한, WHO, 세계동물 보건기구(OIE), 식량농업기구(FAO)는 제73차 세계 보건협의회 결의안을 통해 바이러스의 동물 기원, 인간에게 전파되는 경로를 추적하기 위한 노력을 강화하기로 합의하였다.

제73차 세계 보건협의회(WHO)의 권고에 따라 WHO는 중국 정부와 함께 원산지 추적 작업에 이바지할 일련의 연구를 설계, 지원 및 수행하기 위해 국제 다 분야 팀을 구성하고 있다. 이 작업은 바이러스 기원에 대한 이해를 높이고 추가 연구를 설정하여 SARS-CoV-2 및 유사한 기원의 동물성 신종 질병에 대한 글로벌 대비 및 대응을 개선하는 데 이바지할 것이다. 또한, 국제 연구팀은 다른 곳에서 원산지 추적 작업의 토대를 설정할 수 있는 연구 틀과 자료를 개발하고 수집할 것이다. 따라서 글로벌 원산지 추적 작업은 어떤 위치에도 구속되지 않으며 증거가 생성되고, 가설이 진화함에 따라 지리적으로 진화할 수 있다.

2. AI와 팬데믹

세계적인 건강 위기에서 의료 산업은 COVID-19(코로나바이러스)

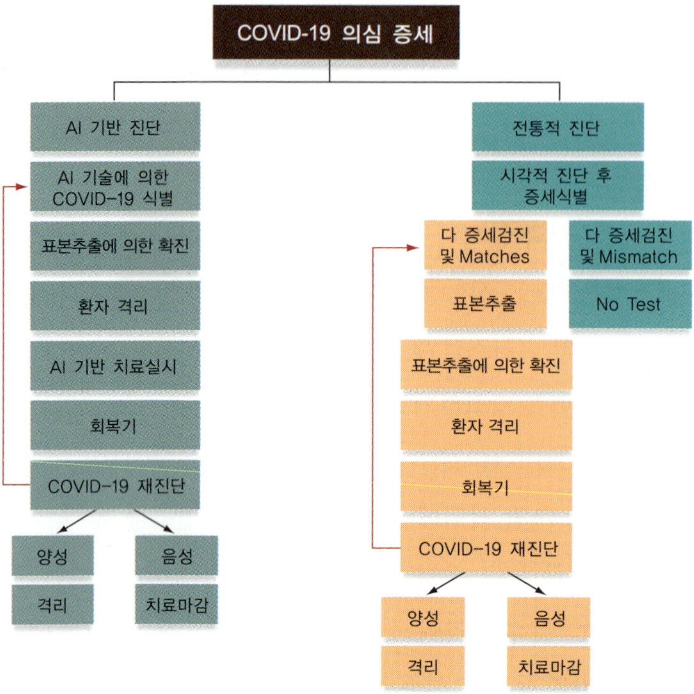

그림 6.5_ 일반 의사가 COVID-19 증상을 식별하는 데 도움이 되는 AI 및 비 AI 기반 애플리케이션의 비교
자료: Vaishya et al, 2020.

와 같은 대 유행병 및 전염병의 확산을 관찰하고, 제어할 새로운 기술을 찾고 있다. AI는 바이러스의 확산을 쉽게 추적하고, 고위험 환자를 식별할 수 있는 기술 중 하나이며, 이 감염을 실시간으로 제어하는 데 유용하다. 또한, 환자의 이전 데이터를 적절하게 분석하여 사망위험을 예측할 수 있다. AI는 인구 선별, 의료 지원, 알림 및 감염 통제에 대한 제안을 통해 바이러스와 싸우는 데 도움이 될 수 있다. 이 기술은 계획, 치료 및 보고된 결과를 개선할 수 있다. 즉 AI 기술은 COVID-19 환자와 같은 유행병에 증거 기반 의료 도구이다.

〈그림 6.5〉는 일반 의사가 COVID-19 증상을 식별하는 데 도움이 되는 AI 및 비 AI 기반 애플리케이션의 일반적인 절차를 보여준다. 이 흐름도는 높은 정확도를 다루는 중요한 단계에서 AI가 관여하는 것을 설명하고 복잡성과 소요 시간을 줄여준다. 의사는 환자의 치료뿐만 아니라 AI 애플리케이션을 통한 질병 관리에도 집중할 수 있다. 주요 증상 및 테스트 분석은 최고의 정확도로 AI의 도움으로 이루어진다. 또한, 전체 프로세스에서 수행되는 총 단계 수를 줄여 본질에서 더 조달할 수 있다는 것을 보여준다.

2-1 팬데믹 예방 및 통제를 위한 AI 기술 필요성

① 감염의 조기 발견 및 진단

AI는 불규칙한 증상과 기타 '위험 신호'를 신속하게 분석하여 환자와 의료 당국에 경보를 울릴 수 있다. 더 빠른 의사결정을 제공하는 데 도움이 되며 비용도 효율적이다. 유용한 알고리즘을 통해 COVID-19와 같은 사례에 대한 새로운 진단 및 관리 시스템을 개발하는 데 도움이 된다. AI는 컴퓨터 단층 촬영(CT), 자기 공명 영상(MRI) 스캔과 같은 의료 영상기술의 도움으로 감염된 사례의 진단에도 도움을 주고 있다.

② 치료 모니터링

AI는 바이러스의 확산을 자동으로 관찰하고, 예측하기 위한 지능형 플랫폼을 구축할 수 있다. 신경망은 질병의 시각적 특징을 추출하기 위해 개발될 수 있으며, 이는 영향을 받은 개인의 적절한 모니터링과 치료에 도움이 될 것이다. 환자의 일상적인 업데이트를 제공하고, COVID-19와 같은 대유행에 따라야 할 솔루션을 제공할 수 있다.

③ 개인 접촉 추적

AI는 바이러스에 의한 감염 수준을 분석하여 클러스터와 핫 스폿(Hotspot)을 식별하고, 개인의 접촉 추적을 성공적으로 수행하여 지켜볼 수 있다. 이 질병의 향후 진행 과정과 재발 우려를 예측할 수 있다.

④ 사례 및 사망률 예측

AI 기술은 사용 가능한 데이터, 소셜 미디어 및 미디어 플랫폼에서 감염 위험과 확산 가능성에 대해 바이러스의 특성을 추적하고 예측할 수 있다. 또한, 모든 지역에서 양성 사례 및 사망 수를 예측할 수 있다. AI는 가장 취약한 지역, 사람 및 국가를 식별하고, 그에 따라 조처를 하는 데 도움이 될 수 있다.

⑤ 약물 및 백신 개발

AI 기술은 COVID-19와 같은 대 유행병에 대한 이용 가능한 데이터를 분석하여 약물 연구에 사용되며, 약물 전달 설계 및 개발에 유용하다. 이 기술은 실시간으로 약물 검사 속도를 높이는 데 사용되고 있다. 표준검사에서는 많은 시간이 걸리므로 이 과정을 크게 가속하는 데 도움이 되며, 이는 사람의 능력으로 불가능할 수도 있다. COVID-19 환자 치료에 유용한 약물을 식별하는 데 도움이 될 수 있다. 이는 진단 테스트 설계 및 예방 접종 개발을 위한 강력한 도구가 되었다. AI는 평소보다 훨씬 빠른 속도로 백신과 치료법을 개발하는 데 도움이 되며, 백신 개발 중 임상 시험에도 도움이 된다.

⑥ 의료 종사자 업무량 감소

COVID-19와 같은 대 유행병전파 동안 환자 수가 갑작스럽고 엄청나게 증가함에 따라 의료 전문가는 매우 높은 작업 부하를 가지게 되었다. 여기서 AI는 의료 종사자의 업무량을 줄이는 데 사용된다. 디지털 접근 방식과 의사결정 과학을 사용하여 조기 진단 및 조기 치료를 돕고, 이 새로운 질병에 대해 학생과 의사에게 최고의 교육을 제공한다. AI는 미래의 환자 치료에 영향을 미치고, 의사의 업무량을 줄이는 더 많은 잠재적인 문제를 해결할 수 있다.

⑦ 팬데믹 예방

실시간 데이터 분석의 도움으로 AI 기술은 질병의 예방에 도움이 되는 업데이트된 정보를 제공한다. 대 유행병 위기 동안 감염 가능성이 있는 부위, 바이러스 유입, 병상 및 의료 전문가의 필요성을 예측하는 데 사용할 수 있다. AI 기술은 다른 시간에 널리 퍼져있는 데이터에 대한 이전 멘토링 데이터의 도움으로 미래 바이러스 및 질병 예방에 도움이 된다. 더욱이 감염 확산의 특성, 원인 및 이유를 식별한다. 앞으로 이 기술은 다른 전염병과 전염병에 맞서 싸우는 중요한 기술이 될 것이다. 예방 조치를 제공하고 다른 많은 질병에 맞서 싸울 수 있을 것이며, 더 예측적이고 예방적인 의료서비스를 제공하는 중요한 역할을 할 것이다.

결론적으로 AI 기술은 COVID-19와 같은 조기 감염병을 식별하고 감염된 환자의 상태를 관찰하는 데 도움이 되는 유용한 도구이다. 유용한 알고리즘을 개발하여 치료 일관성과 의사결정을 크게 향상할 수 있다. AI 기술은 COVID-19 감염 환자의 치료뿐만 아니라 적절한 건강 모니터링에도 도움이 된다. 의료, 분자 및 역학 응용 프로그램과 같은 다양한 규모로 COVID-19의 위기를 추적할 수 있다. 사용 가능한 데이터를 분석하여 이 바이러스에 관한 연구를 촉진하는 것에도 도움이 된다. AI 기술은 적절한 치료 요법, 예방 전략, 약물 및 백신 개발을 개발하는 데 도움이 될 수 있다.

2-2 AI 기술적용 사례: COVID-19 팬데믹

SAR-CoV-2의 빠른 확산으로 인해 의사들은 COVID-19 진단에 극도로 어려움을 겪고 있다. 역전사 중합 효소 연쇄 반응(RT-PCR) 방법이 COVID-19의 진단에 사용되는 표준 방법임에도 불구하고, 대유행으로 인해 민감도가 낮고 더 많은 시간이 필요하며 공급이 부족한 상태이다. 그런데도 최근 몇 년 동안 의료 영상 분석은 의료 분야에서 가장 유망한 연구 분야 중 하나이다. 따라서 X-선, 컴퓨터 단층촬영 및 스캐너와 같은 의료 영상 분석은 RT-PCR의 한계를 극복할 수 있다.

다음에서 보는 바와 같이 디지털 및 AI 기술이 질병 예방에 중요한 역할을 하고 있어서 전 세계 보건 비상사태는 의료 영상의 효율적인 진단을 위한 기계 학습 및 딥러닝 모델 그리고 수리적 통계모형의 적용과 같은 AI 기술의 지원을 모색하고 있다.

① 기계 학습 방법

기계 학습의 기본 기능은 일반적으로 알려지지 않았거나 충분히 정의되지 않은 기본 메커니즘에 대한 지식 없이 예측모델을 유도하는 것이다. 이러한 기술은 거대하고 시끄럽거나 복잡한 데이터에서 복잡한 패턴을 발견할 수 있다. 예측모델과 전문가시스템의 조합으로 주관성 문제가 줄어들기 때문에 이러한 모델은 임상 진단에 대한 탁월한 지원을 제공한다.

이전에는 이러한 알고리즘이 의료 이미지의 분석 및 예측에 사용되었기 때문에 기계 학습 기술을 사용하여 유행 패턴을 찾을 수 있었다. 따라서 현재의 유행병에서 SARS-CoV-2의 예측 및 진단에 Support Vector Machine, Regression, Random Forest, K-means 등과 같은 다양한 기계 학습 접근 방식을 활용하고 있다.

확률적 포레스트 알고리즘(RF)은 여러 트리를 사용하여 데이터 표본을 훈련하고, 예측하는 가장 유망하고 인정받는 분류기법 중 하나이다. 이 접근법은 화학 측정 및 생물 정보학 분야에서 광범위하게 사용되었다. 적절한 특성 때문에 COVID-19 감염 문제를 해결하는 데 확률적 포레스트가 사용되고 있다.

최근에 COVID-19의 정확하고 신속한 인식을 위해 임상 이용 가능한 혈액 표본에서 11개의 주요 혈액 지표를 추출하는 확률적 포레스트 알고리즘 기반 도구가 제안되었다. 즉, 무작위 포레스트 알고리즘이 COVID-19 증상이 있는 환자를 탐색하기 위한 식별 도구로 사용되는 것이다. 제안된 방법은 교차 검증 세트의 경우 0.9795, 테스트 세트의 경우 0.9697의 정확도로 COVID-19 예측에서 더 나은 결과를 얻었다. 또한, 이 도구는 외부 검증 세트에서 각각 감도, 특이성 및 전반적인 정확도 측면에서 0.9512, 0.9697, 0.9595의 더 나은 성능을 달성하였다. 감염된 COVID-19 환자로부터 수집한 24개의 표본에 대한 상세한 임상 추정에서 0.9167의 정확도를 달성하였고, 여러 번의 검증 끝에 제안된 접근 방식은 COVID-19 감염을 인식하기 위한 정확한 도구로 인정될 수 있었다.

신종 코로나바이러스에 감염된 환자의 입원을 예측하기 위해 선형 회귀 및 확률 포레스트 기반 모델이 제안되었다. 6개의 2차 특성을 기반으로 제안된 모델은 훈련 및 인터 밸리데이션 데이터 세트에서 폐렴 증후로부터 얻은 특징을 수정하였다. 또한, 예측 효율성은 폐렴 환자 수준 테스트 데이터 세트를 사용하여 평가되었다. 결론적으로, 이 모델은 COVID-19에 걸린 병원에서 환자의 단기 및 장기 입원을 분리하는 데 효과적이라는 것이 관찰되었다. 선형 회귀 모델은 1.0과 0.89의 민감도와 특이도를 나타내었고, 확률적 포레스트 모델에서는 민감도와 특이도가 0.75, 1.0으로 나타났다.

SVM은 데이터 회귀 및 분류를 위한 강력한 도구로 사용되기 때문에 다른 기계 학습 접근 방식과 비교하면, 의료 이미지 분석과 같은 많은 실제 응용 프로그램에서 우수한 성능을 제공한다. 현재 더 나은 성능으로 인해 COVID-19의 분류 및 분석에 사용되고 있다.

양성 COVID-19 진단의 위협을 예측하기 위해 신경망, 확률적 포레스트, 경사 부스팅 트리, 로지스틱 회귀 및 서포트 벡터 머신과 같은 다양한 기계 학습 접근 방식을 적용하고 있다. 다양한 기계 학습 접근법의 성능은 환자 70%의 임의 표본 데이터에 대해 훈련되었고, 새로운 보이지 않는 데이터의 30%에 대해 검증되었다. 결과를 형성하면 지원 벡터 기계 알고리즘이 다른 기계 학습 알고리즘과 비교하였을 때, AUC, 민감도, 특이성, Brier 점수가 각각 0.85, 0.68, 0.85, 0.16으로 우수하다는 결론에 도달하였다. COVID-19에 걸린 환자의 진단에서 흉부 X-ray 이미지를 형성하기 위해 다단계 타작 및 SVM으로 개발된 기계 학습 모델이 제안되었다. 더욱이 결과는 제안된 모델이 각각 평균 감도 95.76%, 특이도 99.7%, 정확도 97.48%로 더 나은 성능을 달성하였다.

② 딥러닝 방법

딥러닝 기술은 단순하지만, 비선형적인 모듈로 구성된 표현 학습 알고리즘으로 일정 수준에서 표현을 약간 더 지적 수준에서 표현으로 변경하는 데 사용된다. 심층 구조적 특성은 복잡한 인공지능 작업을 해결할 수 있는 심층 학습 모델을 적용한다. 딥러닝 패러다임은 뛰어난 성능, 결합한 기능 학습을 통한 중단 간 학습 체계, 복잡한 다중 모드 데이터 처리 능력 등과 같은 특성으로 인해 생물 의학 정보학 분야에서 새로운 기회를 제공하고 있다. COVID-19 전염병의 의료 이미지를 효율적으로 분류하고, 분석하는 데에도 딥러닝 기술이 사용되고 있다. CNN(Convolutional Neural Network), LSTM(Long Short-Term Memory), GAN(Generative Adversarial Network), Residual Neural Network 및 Autoencoder와 같은 다양한 딥러닝 접근 방식은 COVID-19 분류 및 예측에서 많은 도움을 주고 있다.

CNN(Convolutional Neural Network)은 높은 정확도로 의료 영상 분석에서 가장 성공적인 알고리즘 중 하나이다. 이전에는 CT 촬영 영상에서 폐 결절의 특성 파악, X-ray 영상에서 폐렴 예측, 대장 내시경 영상에서 자동으로 폴립 라벨링이 CNN을 사용하여 이루어졌다. 의료 영상에서 COVID-19를 식별하기 위한 인증 기능은 그림자와 지면 유리 불투명도의 양측 분포로 나타난다.

다른 유망한 AI 기반 COVID-19 흉부 X-선 이미지를 분류하기 위해 CNN을 기반으로 DeTraC(Decompose, Transfer, and Compose) 모델을 개발하고 있다. 클래스 분해 메커니즘을 사용하여 모델이 이미지 데이터 세트의 이상 징후와 일치하는 데 도움이 되는 클래스 경계를 조사한다. 또한, 다른 정상 및 폐렴 사례의 COVID-19 X-ray 이미지 인식에서 DeTraC에 의해 95.12%의 정확도가 달성되었다. 흉부 X-ray 영상에서 COVID-19 환자를 인식하기 위해 ResNet50, InceptionV3 및 Inception-ResNetV2라는 별개의 CNN 프레임워크가 제안되었다. 또한, ImageNet을 활용한 딥 트랜스퍼 러닝 기법을 적용하면 데이터 부족과 훈련 문제가 발생할 수 있다. 결과를 통해 ResNet50 모델이 다른 두 모델에 비해 98% 정확도로 최고의 분류 성능을 얻을 수 있었다.

양성 사례의 수를 해석하고 예측하기 위해 CNN을 기반으로 한

COVID-19 예측모델이 제안되고 있다. 연구의 주요 초점은 중국에서 긍정적인 사례가 많은 도시를 고려하는 것이다. 평균 절대 오차(MAE)와 제곱 평균 오차(RMSE)를 사용하여 서로 다른 알고리즘의 전체 역량을 비교하였으며, 결과는 CNN이 LSTM, GRU 및 MLP와 같은 딥러닝의 다른 접근 방식과 대조할 때 가장 큰 예측 효율성을 달성함을 보였다.

흉부 X-ray 영상에서 Ncov-2019 양성 사례를 자동으로 인식하기 위해 맞춤형 얕은 CNN 아키텍처를 활용하고 있다. 이 아키텍처는 130개의 COVID-19 포지티브 X-ray 이미지를 검증하기 위한 매개 변수가 거의 없이 설계되었으며, 실험 테스트에서 가능한 편향을 피하고자 5겹 교차 검증이 사용되었다. 또한, 제안된 방법은 각각 96.92%, 0.942, 0.9869의 정확도, 감도 및 AUC를 달성하여 다른 방법보다 효율적이었다.

다중작업 딥러닝 모델은 COVID-19 흉부 CT 영상의 자동 선별 및 분할을 수행한다. 재구성 및 세분화를 위해 분류 목적을 위해 다중 레이어 퍼셉트론과 함께 하나의 인코더와 두 개의 디코더가 아키텍처에 사용되었다. 그런 다음 모델은 COVID-19로 고통받는 449명의 환자, 100명의 정상 사례, 98명의 폐암 환자, 397명의 다양한 병리학 사례를 포함하는 1,044명의 환자 데이터 세트로 평가되었다. 적용 결과는 모델이 다른 이미지 분할 및 분류 기술보다 더 나은 성능을 얻음을 보였다.

③ 수리적 통계 방법

지난 몇 번의 전염병에서 수학적 및 통계적 모델은 인명 손실을 추정하고 특정 기간 또는 전염병이 끝날 때까지 총사망자 수를 예측하는 데 성공적으로 사용되었다. 수학적 및 통계적 접근 방식이 더 나은 성능을 보여주기 때문에 현재 유행병의 확산율과 사망 수를 추정할 때도 같은 접근 방식을 사용했다. 양성 및 음성 결과와 거짓 음성 결과를 테스트하는 기간을 예측하기 위해 다변량 모델이 개발되었다.

중국에서는 신종 코로나바이러스 질병의 조기 예측을 위해 간단한 수학적 모델을 사용하였다. 예측모델은 2월 말부터 3월 초까지 양성 사례의 총수가 76,000~230,000에 이를 수 있다고 추정하였고, 5월 초부터 6월 말까지 확진자 수가 급격히 감소할 것으로 예측하였다. 역시 중국 사망자 수를 예측하기 위해 Boltzmann의 기능 기반 분석이 제안되었다.

AI 기반의 수학적 통계모형은 예측 목적이 상황의 심각성을 평가할 때, 더 나은 예측 정확도를 제공한다. 심장 질환, 당뇨병, 환자 나이와 같은 1차 건강 상태가 사망률 예측에 미치는 영향을 고려했다. 또한, 2020년 1월 30일부터 4월 21일까지 인도에서 COVID-19 감염 환자를 일시적으로 예측할 때, 자기 회귀 통합 이동 평균(ARIMA) 모델을 사용하였다.

결론적으로 AI 기반 COVID-19 예측·진단 작업의 대부분이 딥러닝 접근 방식(39%)을 사용하여 수행되었음을 〈그림 6.6〉에서 확인할 수 있다. 그다음으로 37%가 기계 학습 접근 방식을 사용하였다. 응용 작업의 24%만이 COVID-19를 전제로 수학적 및 통계적 모델을 사용하여 수행되었고, 딥러닝 접근 방식을 통해 더욱 적절한 COVID-19 질병 예측 및 진단을 할 수 있다는 결론을 내릴 수 있다. 뛰어난 성능, 복잡한 다중 모드 데이터 처리 능력, 사람의 개입이 없이 특징 추출,

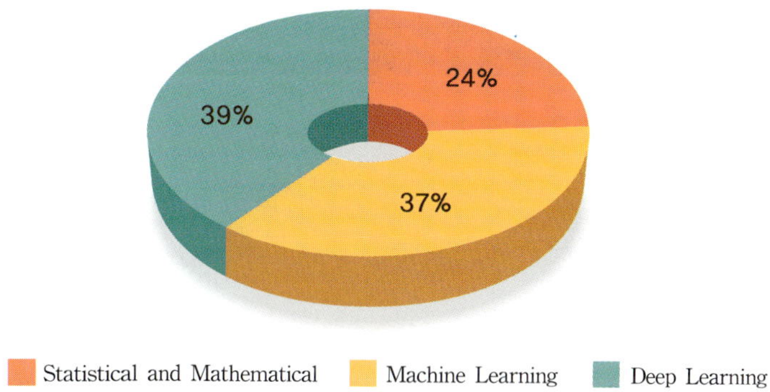

그림 6.6_ COVID-19 진단을 위한 AI 기반 적용사례 비교
자료: Swapnarekha et al, C.S.&F, 2020.

교육 단계에서 공학 이점 부재와 같은 특징으로 인해 다른 접근 방식과 비교할 때 딥러닝 접근 방식이 효율적으로 평가되었다.

활동 1

| 1 | 다음 우리나라 COVID-19 확진자 파일(엑셀파일)을 이용하여 AI 기반 기술에 의한 우리나라 COVID-19 기초 통계 즉 자료 시각화, R_0, 확진자 성장률(GR)을 계산하시오.

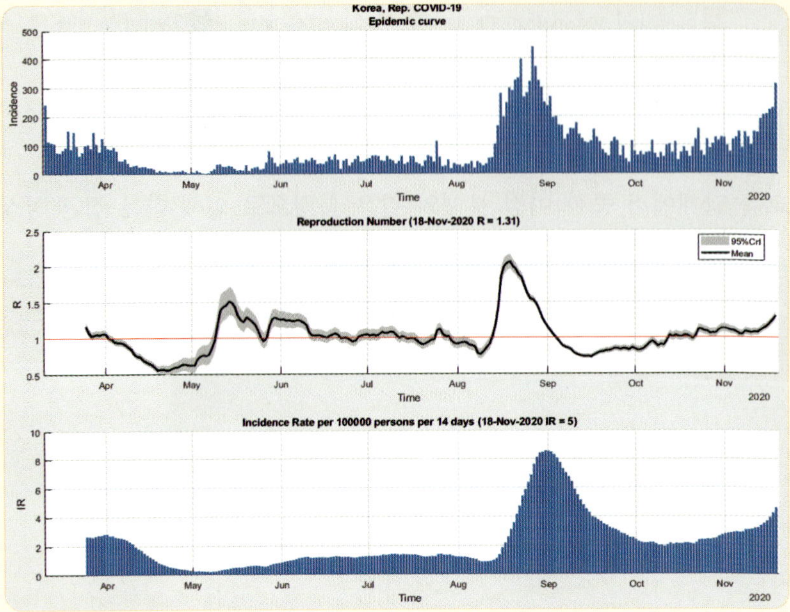

| 2 | AI 기반 수리적 통계모형에 의한 COVID-19 예측모형 비교하고, 장단점을 논하시오.

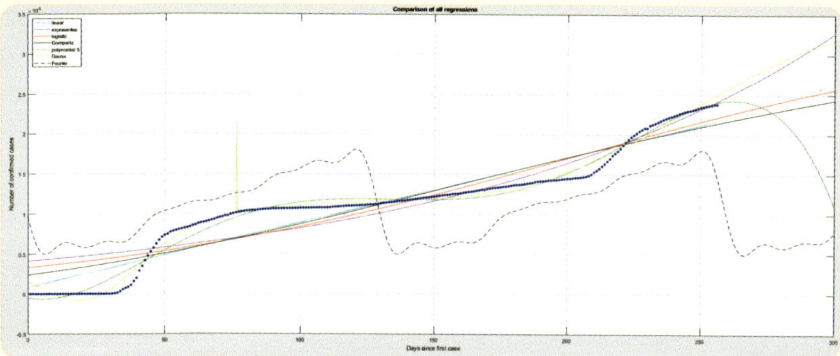

6장 참고문헌

- 죽음의 무도, Michael Wolgemut, 1493.
- Wikipedia
- Vaishya et al, 2020.
- Swapnarekha et al, C.S.&F, 2020.

7장

AI 시대의 창업

1. AI 시대의 창업 트렌드

1-1 창업의 개념

창업이란 「중소기업지원법」에 따라 '신규로 각종 업(業)을 새로 시작하는 것'을 의미한다. 이를 구체적으로 해석하면 인적 물적 자원의 효율적인 활용으로 기업이 추구하고자 하는 목적 달성을 위해 재화와 용역을 조달, 생산, 판매 및 기타 활동의 수행을 의미한다. 개인이나 법인이 이윤을 목적으로 새로운 기업을 설립하는 것이 창업에 속한다. 창업은 일상생활에서 불편한 부분을 편리하게 만들 수 있는 혁신적인 아이디어나 제품을 고객에게 판매하기 위해 새롭게 창출하는 사업을 시작하는 것이다. 창업을 위해서는 〈그림 7.1〉과 같이 3가지의 요소가 필요하다.[1]

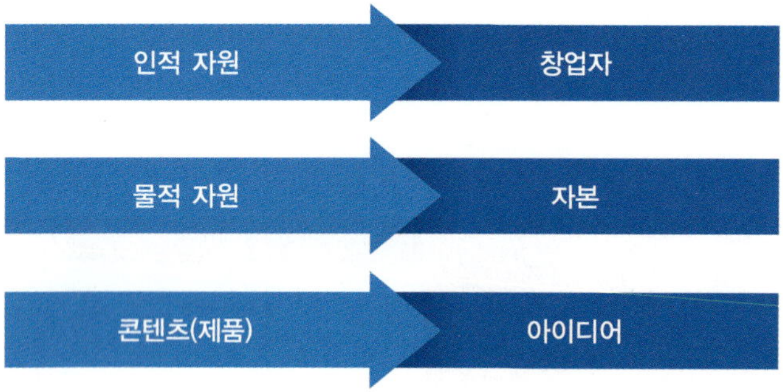

그림 7.1_ 창업의 3요소

1 벤처창업과 기업가정신, 최종열, 정해주, 탑북스, 2011.

1-2 창업의 변천

① 산업의 트렌드

역사학자 에드워드 카(E. H. Carr)에 따르면 '역사는 현재와 과거 사이의 끊임없는 대화'라고 하였다. 이는 지난 과거에서 현재에 이르는 산업 생태계 트렌드를 읽지 못하면, 창업에 성공하기 어렵다는 것으로도 해석할 수 있다.

대한민국의 경제성장은 부존자원이 부족한 상태에서 산업구조의 중심을 일차산업인 단순 임가공과 중화학공업을 거쳐 자동차, 반도체 등 첨단 기술기반산업으로 고도화시켰다. 수출 품목도 1962~1996년까지 진행된 경제개발 5개년 계획에 따라 가발, 생사, 중석, 철광석, 생선, 합판에서 2000년대 조선과 석유화학, 자동차, 반도체, 디스플레이로 급격한 성장을 이루었다.[2] 1997년 실리콘밸리를 중심으로 IT 벤처 붐이 조성되면서 「벤처기업육성에 관한 특별조치법」이 제정되었으며, 2019년 'IT 강국을 넘어 AI 강국으로'라는 슬로건으로 'AI 국가전략'까지 발표하였다. AI 3대 혁신 분야를 보면, 세계를 선도하는 AI 생태계 조성, AI를 가장 잘 활용하는 나라, 사람 중심 AI 구현과 9대 전략 100대 실행과제를 제시하였다. 이로 인한 경제 효과는 약 500조 원 규모로 국민 삶의 질을 10년 이내에 세계 10위까지 도약시킬 계획이다.[3]

2 축적의 시간, 서울대학교 공과대학, 지식노마드, 2015.

3 'IT 강국을 넘어 AI 강국으로'…인공지능 국가전략은?, KBS NEWS, 2019.10.31.

② AI 창업 트렌드

영국의 AI 연구자 네이선 비나이쉬의 AI 현황 보고서와 이언 호가스의 AI 사이클 보고서에 따르면, AI의 미래는 단연 헬스케어와 바이오 사이언스가 주도할 것이라고 하였다. 마이크로소프트의 애저(Azure)와 같은 클라우드 서비스는 신약개발에 AI 솔루션을 제공하고 있다. 구글은 2016년에 딥마인드를 활용하여 수십억 번의 시뮬레이션을 거쳐 단백질 구조 분석 기간을 획기적으로 단축하였다. 그 결과 2020년 COVID-19 바이러스의 단백질 구조 분석에도 성공하면서 향후 1년 이내에 제조업, 금융업, 공급망 관리를 넘어 헬스케어, 바이오 사이언스 등에서 대단한 성과를 낼 것으로 전망하였다. 특히, 바이오 사이언스 분야의 AI 활용은 인간의 질병 치료에 새로운 방법을 찾는다는 것이 두 보고서의 공통된 주장이다.[4]

세계 최대 전자정보 전시회인 'CES 2021'이 라스베이거스에서 개최되었다. 이번 행사는 인공지능, 5G 통신, 디지털 보건과 모빌리티 분야의 첨단기술이 선보였다. 특이한 점은 미래 산업과 인류 생활에 주요 분야로 떠오른 모빌리티의 비중이 커졌다는 점이다. 주요 자동차 생산업체와 정보통신 회사들이 전략적 제휴를 통해 자율주행 전기차를 비롯한 미래자동차 분야의 첨단기술을 선보였다.[5] 이러한 현상은 모빌리티 분야를 넘어 음성인식, 자연어 처리를 기반으로 금융 산업, 프로젝트 관리, 엔지니어링 영역으로 확장되고 있다. 이는 AI의 높은

4 2021년 인공지능 산업 트렌드 보고서 AI 대중화 원년… 의료, 군사 분야 활용 본격화, 매일경제, 2020.11.2.

5 미래차 개발 경쟁(Race for smarter cars), 한국일보, 2021.1.18.

기술력보다 AI를 활용한 서비스 분야에서 기존의 문제점을 개선하는 것이 더욱 중요하게 생각되기 때문이다. 전통산업이 AI 기술과 접목되면서 산업용 로봇, 협동 로봇과 소셜 로봇 시장도 확장 일로에 있다. 결국, AI를 통해 저렴한 비용으로 높은 품질을 유지하면서 기존 서비스보다 나은 가치를 제공하는 트렌드의 변화를 맞이하고 있는 것이다.

이를 반영하듯 최근의 국내 AI 스타트업의 역사를 살펴보면, Business AI(경영지능)에서 Perception AI(인지지능)를 거쳐 현재는 Autonomous AI(자율지능)의 방향으로 흐르고 있다.

1) Business AI(경영지능)

- 빅데이터 회사들이 AI 분야로 사업 확대
- 의료, 얼굴인식 등 일부 영역에서 Computer Vision을 적용한 스타트업 부상

2) Perception AI(인지지능)

- NLP 기반의 Chatbot 회사 다수 출연 및 경쟁
- Vision 기반 다수의 AI Startup 시장 진출
- AI 기술을 적용한 서비스 기업 증대
- Robot 분야 관심 급증: 로보터즈 상장 등

3) Autonomous AI(자율지능)

- Autonomous 분야 활성화
- AI 기술 중심의 Startup은 많이 줄어들었지만, AI 기술이 적용된 서비스 기업은 증가

우리나라의 스타트업 지원 방향도 AI 기술을 기반으로 지원하고 있다. AI는 인지·학습과 추론 기능을 통해 산업 현장의 생산성을 높이고 새로운 부가가치를 창출하기 때문이다. 중기부가 발표한 AI 10대 트렌드를 보면, 딥러닝이 융합된 지능형 프로세스 자동화(IPA), 물체, 얼굴인식, 자연어 처리 능력을 갖춘 AI 칩으로 퍼포먼스 향상, 수집, 분석, 가공능력을 키운 데이터 고속도로의 진화, 사이버 보안과 데이터 유출방지, 하이브리드 업무인력의 출현, 비즈니스 프로세스를 위한 모니터링, 자동화 머신러닝과 데이터 과학자의 부상, 양자(Quantum) AI의 부상, 개인화된 대화형 AI, 사물인터넷(IoT)과 AI의 결합이다.[6] 이를 통해 AI를 기반으로 하는 창업의 방향성을 알 수 있다.

2. AI 스타트업 경영전략

지금 우리가 누리고 있는 인류 문명이 100년 전 전기의 발명으로부터 이끌어 왔다면, 다가올 미래는 AI가 인류의 문명을 밝힐 것이다.

2-1 AI를 활용한 경영전략

비즈니스의 세계에서 0이 1이 되려면, 모든 순간 중에서 단 한 번밖에 일어나지 않는다. 앞으로 그 누구도 컴퓨터 운영체제로 마이크로

6 K-Startup Issue & Trend, 2021.

소프트의 빌 게이츠가 될 수 없고, 검색엔진을 만들어 구글의 래리 페이지나 세르게이 브린이 될 수 없다. 또다시 소셜 네트워크를 만들어 페이스북의 마크 저커버그를 모방하려 한다면, 그것은 1이 아닌 n이 될 뿐이다. 익숙한 것이 하나 더 늘어날 뿐이라는 의미이다. 무엇인가 새로운 것을 창조하면 세상은 0에서 1이 된다. 창업을 성공으로 이끄는 것은 아직 가보지 않은 길, 새로운 길이다. 이 길을 우리는 기술(Technology)이라고 부른다. 기술이 기적을 만드는 이유는 '더 적은 것으로 더 많은 일'을 하기 때문이다. 제로 투 원의 의미는 모든 혁신은 그동안 세상에 없던 것을 만들어낸 것이므로, 혁신의 방법을 구체적 단어로 알려줄 수 있는 사람은 아무도 없다.[7] 따라서 AI를 활용한 창업은 모방보다 창조적인 차별화 전략이 경쟁력의 원천이다. 경쟁력을 확보하지 못하면 기업공개나 인수합병 전략을 실행할 수 없다. 그래서 AI를 활용한 창조적 차별화는 세상을 바꾸는 경영전략이다.

① IPO(기업공개) 전략

IPO(Initial Public Offering)란 비상장기업이 정해진 절차에 따라 일반 불특정 다수의 투자자에게 새로 주식을 발행하거나, 기존의 주식을 매각하여 유가증권시장 또는 코스닥시장에 상장하는 행위를 말한다. 창업에 성공한 창업가와 투자자가 투자한 자금을 회수하는 것을 출구 전략(Exit Strategy)이라고 하는데, 출구 전략의 대표적인 유형이 IPO(기업공개)이다. IPO는 기업의 안정된 자금조달을 통한 기업

---

7 제로 투 원, 피터틸, 블레이크 매스터스 지음, 이지연 옮김, 한국경제신문사, 2014.11.20.

성장의 가속화로 경제적인 여유와 인지도를 상승시켜 브랜드 가치를 높일 수 있다. 비상장기업과 비교하여 금융권으로부터 유리한 조건으로 자금차입이 가능하고, 지배구조 개편 및 기업구조조정 등에 필요한 다양한 수단을 제공한다. 기업의 인지도는 종업원의 사기 진작 및 우수한 인재 확보가 쉬워 인적자원관리에도 매우 효율적이다.

미국 투자 전문 조사사이트인 크런치 베이스(Crunch base)에 따르면, 실리콘밸리로 불리는 San Francisco Bay Area에 등록된 스타트업 기업의 수는 약 37,000개이며, 미국 전체 창업자 수의 25%를 차지한다. Silicon Valley Bank가 시행한 설문 조사에 따르면, 미국 스타트업의 50% 이상이 Venture Capital을 투자 선호처로 꼽을 정도로 미국 창업 생태계에서 VC의 역할은 매우 크다.

스타트업은 투자유치단계(Funding Round)를 거치면서 성장과 함께 가치가 높아지는데, Seed 단계부터 Series A~F의 투자단계 이후, IPO(기업공개) 또는 M&A(인수합병)를 거치면서 일반적인 기업으로 발전한다.

스타트업 기업의 창업자들이 초기 단계인 Seed 단계에서 투자받기를 원하는 이유는 자금이 여유로워야 MVP(Minimum Viable Product) 개발이 원활하기 때문이다. 초기 창업기업은 소수의 실제 고객에게 제품개발과 마케팅 전략을 수립하게 되는데, 이때부터 투자자는 기업 활동을 빠르게 돕도록 투자와 함께 창업자들이 적절한 팀을 구성하게 도와줘서 기업 가치를 빠르게 향상시킬 수 있기 때문이다.[8]

8 US Startup Outlook, Silicon Valley Bank, 2019.

② M&A(인수합병) 전략

M&A(Mergers&Acquisitions)는 일반적으로 주식인수, 기업합병, 기업분할, 영업양수도 등으로 주식인수는 매수대상 회사의 주식을 인수하여 지배권을 획득하는 방법이다. 기업합병은 상법의 절차에 따라 청산절차를 거치지 않고 합쳐지면서 최소 1개 이상의 회사의 법인격을 소멸시키되, 합병 이후에 존속하는 회사 또는 합병으로 인해 신설되는 회사가 소멸하는 회사의 권리·의무를 포괄적으로 승계하고, 그의 사원을 수용하는 회사법상의 법률사실을 말한다. 기업분할은 특정 사업 부문의 자산과 부채를 포괄적으로 이전하여 별도의 회사를 설립하는 것을 말한다. 영업 양수도는 특정 사업 부문의 자산과 부채, 조직 및 인원, 권리와 의무 등이 포괄적으로 이전되어 사업 부문의 동일성을 유지하면서 경영 주체만을 교체하는 것을 의미한다.

합병을 통해 경영의 합리화, 영업비의 절감, 사업의 확장 등의 경제적 효과를 달성할 수 있으며, 법률적으로도 해산하는 회사의 청산절차 생략, 재산의 이전에 따르는 세금의 경감 및 (특히 흡수합병의 경우)영업권 상실의 방지라는 이익을 얻을 수 있게 된다.

회사의 자산 증가는 자금흐름이 양호해짐으로써 대내외 신뢰도가 높아져 외부 투자나 금융차입이 쉬워진다. 적자기업과 흑자기업의 합병을 통해 세금을 상쇄할 수 있어 자금조달과 관련하여 타인 자본의 조달로 인해 차입금의 이자를 비용으로 공제하는 절세 효과를 가져온다.

우호적 M&A는 공개매수를 통해 상대기업의 동의로 그 기업의 경영권을 얻는 경우이며, 적대적 인수합병은 상대기업의 동의 없이 그 기업의 경영권을 얻는 경우이다.

3. AI 스타트업 투자 성공사례

창업자들의 꿈은 개발한 기술을 인정받아 기업공개(IPO)를 통해 투자를 받는 것과 새롭게 개발된 기술이 글로벌 기업에 M&A되어 인류에 공헌하는 것을 목적으로 창업하는 경우도 많다. 그래서 실리콘밸리 37,000개 스타트업의 50%가 외부 투자나 인수합병을 원하고 있다. 글로벌 컨설팅업체 PwC의 자료에 따르면 미래자동차 트렌드는 Connectivity, Autonomous, Sharing, Electrification 기술을 가진 스타트업들이 M&A를 통해 시장 재편을 주도할 것으로 내다보고 있다. 아마존이 자율주행 자동차 스타트업 '죽스(Zoox)'를 인수한 것이나, 인텔이 이스라엘의 서비스형 모빌리티 스타트업 '무빗(Moovit)'을 인수하고, 현대차가 로봇 개발 업체 보스턴 다이내믹스를 인수하기로 하는 등 기술 간 융합을 통한 업종 재편이다. 테슬라가 독일 배터리 조립업체인 ATW 오토메이션을 인수하기로 한 것처럼, 핵심 기술 들은 M&A나 투자를 통해 개발 기간을 단축시키고 스타트업에도 상응하는 가치를 부여함으로써 장기 경쟁력을 확보할 수 있다.[9]

3-1 구글의 AI 스타트업 투자 성공사례

1998년 실리콘밸리의 차고에서 월세 200만 원으로 구글을 창업한 래리 페이지와 세르게이 브린은 21년 만에 시가총액 1,000조 원을 넘

9 자동차업계, 포스트 코로나 맞아 M&A 활성화 전망, 스트레이트 뉴스, 2021.1.4.

게 만들어 놓은 뒤, 마흔여섯에 동반 은퇴하였다. 구글의 새로운 최고경영자(CEO) 순다르 피차이는 "AI는 전기나 불보다 심오하다."라고 말할 정도로 AI를 구글의 미래로 표현하였다. 구글은 수많은 AI 스타트업을 인수하면서 구글 리서치 연구소를 구글 AI 연구소로 이름을 바꿨다. 이 같은 변화로 딥러닝 과학자 제프리 힌튼을 비롯하여 피터 노빅, 제프 딘 등이 구글의 원동력이 되었다. 2013년 인수한 DNN 리서치는 음성과 이미지 인식 스타트업이다. AI 비서 구글 어시스턴트가 성능이 좋아진 이유는 자연어 처리 전문 스타트업 API.ai에 투자한 덕분이다.[10] 딥마인드의 사례는 매출이 전혀 없음에도 약 7,000억 원에 M&A하고, 2016년 이세돌 9단과 알파고 간의 바둑 대결을 유튜브로 전 세계에 생중계하면서 딥마인드의 기술력과 유튜브의 기업 가치를 단시간에 최고로 부상시킨 계기를 만들었다. 이 외에도 구글 포토, 구글 번역, 구글 렌즈 등 구글의 거의 모든 서비스 중심에 AI가 있다.

딥마인드의 알고리즘은 70만 명의 신장 질환 환자를 대상으로 한 연구에서 최대 48시간 전에 급성 신장손상을 미리 경고하였으며, 90%에 가까운 정확도를 보였다. 급성 신장손상 환자는 신장이 갑자기 작동하지 못하는 질환으로, 발견이 어렵고 빠르게 악화되어 의사가 바로 개입하지 못하면 상당수 위험에 빠지는 위험한 질환이다.[11] 이처럼 AI를 중심으로 비즈니스를 새롭게 만들어내기도 하고 새로운 시장을 개척하기도 한다. 따라서 AI 스타트업은 획기적인 아이디어로 선택과

10 차고에서 출발, 우주까지 도전… 구글의 아버지들, 구글을 떠나다, 조선비즈, 2019.12.5.

11 구글 딥마인드, 급성신장손상 48시간 빨리 예측하는 기술 개발, MEDI:GATE NEWS, 2019.8.2.

집중을 할 수 있는 장점을 살릴 수 있어 상호 이익이 된다.

3-2 애플의 AI 스타트업 투자 성공사례

애플은 1976년 스티브 잡스, 스티브 워즈니악, 로널드 웨인 세 사람이 140만 원으로 애플 컴퓨터를 창업하여 Macintosh 컴퓨터를 개발, 글로벌 기업으로 성장시켰다. 2007년 iPhone을 출시하면서 사명에서 '컴퓨터'를 빼고 '애플'로 변경하면서 스마트폰의 시대를 열었다. 아이폰의 진화는 AI의 발전을 가속화시키면서 컴퓨터 회사를 AI 기업으로 탈바꿈시켰다. 애플 CEO 팀쿡은 2010년 아이폰의 음성인식 성능을 강화하기 위해 Siri.Inc를 인수하고, 저렴한 가격으로 사람과 동물, 물건을 감별하는 AI 센서 기술을 보유하였으며. 이로 인해 스마트폰, 스마트워치 외 자율주행 자동차 관련 스마트기기에서 더 많은 인텔리전스를 확보하였다. 2018년 6개월 동안 인수한 업체가 20개가 넘으며, 대부분의 기업이 AI 소프트웨어와 디지털 관련 기업이고, 1인 창조기업이나 연구개발 단계에서 자금유치가 필요한 기업들의 지적재산을 인수하는 형식이다.[12]

애플은 지속적으로 노바우리스 테크놀로지, 보컬IQ, 캐치닷컴, 퍼셉티코, 래티스 데이터 등 AI 스타트업을 인수하면서 애플만의 소프트웨어를 강화 하였다. 이는 아이폰 카메라의 사물 이미지 인식 기능을 향상시키는 효과는 물론이고, 로봇 공학, 자율주행, 자연어 인식

12 애플이 반년 동안 인수한 20여개 기업, 그들은 어떤 곳인가?, IT 조선, 2019.5.7.

분야에서도 활용되어 애플의 사업영역을 고도화하는 데 결정적 역할을 수행하고 있다. 특히, 시리의 자동 음성인식 기능을 개선하기 위해 인수한 스타트업 Novauris는 대한민국의 기업이기도 하다.[13] 이처럼 고객의 니즈를 읽어가는 노력은 아이폰 경쟁력을 강화시키는 계기가 되면서 견고한 성장세로 만들었다. 2019년 애플의 시가총액은 1조 3,500만 달러로 전년대비 85%넘게 상승하였고, 2020년에는 시가총액 2조 달러(2,100조 원)를 돌파하였다.

3-3 아마존의 AI 스타트업 투자 성공사례

아마존 닷컴은 1994년 제프 베조스가 온라인 서점으로 창업하였으며, 2019년 미국 전자상거래 시장 점유율 37.30%로 1위를 달리고 있는 글로벌 기업이다. 구글과 전 세계 AI 플랫폼 시장의 90%를 양분해온 아마존은 막강한 자금력을 앞세워 유망한 AI 스타트업을 공격적으로 인수하여 AI 분야가 비즈니스의 필수 영역이 되었다. 독일에 인공지능 허브 Cyber Valle를 출범시키고 로봇, 머신러닝, 머신비전 등 AI의 핵심 분야 연구를 진행하면서 막대한 성과를 올리고 있다. 2013년 인수한 에비 테크놀로지 음성인식 기술이 지금의 '알렉사' 서비스 기능이다. 이후 머신러닝 전문기업 시멘티카 랩스를 추가로 인수하여 알렉사 기능을 한층 강화시켰으며, 미국에서만 5,000만 가구에 기술력을 검증받으면서 초일류 히트상품으로 자리 잡았다. 이로 인해 고

13 애플, 한국인CEO 운영 음성인식업체 '노바리스' 인수…"시리 기능 향상이 목적", 조선비즈, 2014.4.4.

객의 구매 정보를 AI와 접목하는 맞춤형 광고 비즈니스는 IBM의 전체 매출보다 클 정도로 성장하였다.[14]

2020년의 COVID-19 사태는 비대면 배송을 원하는 소비자들로 인해 자율주행 배달 로봇 '아마존 스카우트'와 함께 다양한 모빌리티 사업이 빛을 발하는 한해였다. 이에 힘입어 핸들과 가속페달은 물론 브레이크도 없는 완전자율주행 자동차 'Zoox'를 12억 달러(1조 3,500억 원)에 전격 인수하였다. 최고 120Km/h에 16시간 주행이 가능한 기술을 물류 기반에 활용하면, 연간 200억 달러 규모의 물류비용을 절감할 수 있다. 이는 장기적으로 배송 네트워크 효율성을 높이는 효과와 함께 승객 수송을 위한 자가용 자율주행 자동차 시대를 선도할 것으로 보인다. EV트럭 Rivian 출자와 모빌리티 관련 스타트업 오로라 및 엠바크 투자와 슈퍼카 람보르기니, 중국의 로봇 택시 위라이드 등과 제휴를 맺고 있다.[15] 이처럼 아마존이 AI 기업들을 인수하는 배경은 고객 데이터를 학습한 AI가 개인 맞춤형 서비스의 만족도를 크게 향상시킬 수 있는 유리한 위치에 있기 때문이다. 이는 향후 화물배송은 물론, 여객 수송 시장에 눈독을 들이면서 자율주행 자동차와 드론 프라임에어 등과 같은 다양한 모빌리티 기업으로 발전할 가능성이 매우 크다.

지난 5년간 AI 관련 논문의 총량은 30만 건이 넘는다. 구글이 펴낸 AI 관련 연구 논문만 보더라도 1998년 3건에서 2019년 712건에 달한다. 이처럼 연구의 중심이 전반적으로 AI 방향으로 재편되고, 산업 현

14 'AI 왕국' 건설 위해 앞다퉈 기업사냥 나선 IT 공룡들, 조선일보, 2020.1.27.

15 아마존, 자율주행 기업 인수·투자 등으로 모빌리티 사업 강화, 경제정보센터, 2020.11.

장에서 학문에 이르기까지, 이제 AI를 빼고는 설명이 안 되는 새로운 시대에 살고 있음을 읽을 수 있다. 사례에서 설명한 3개의 기업 외에도 평창 동계올림픽 개막식에 1,218대의 드론쇼를 선보인 인텔이나 AI 특허 왕국 마이크로소프트는 반도체와 클라우드 기반 애저 플랫폼으로 기술을 고도화시킨 글로벌 기업들이다. 특히 IBM은 AI의 역사와 가장 오랫동안 함께해 온 기업이다. AI라는 단어가 처음 등장한 1956년 미국 뉴햄프셔 하노버 다트머스 하계 세미나 당시 행사를 기획한 인물은 존 매카시와 마빈 민스키 그리고 IBM 정보 연구소 소속 나다니엘 로체스터였다. 1959년에는 IBM의 아서 사무엘은 스스로 학습하는 프로그램 머신러닝을 처음으로 개발한 학자이기도 하다.

최초의 기술과 산업의 트렌드를 읽어내는 것은 또 다른 능력이다. 알파고로 유명한 딥마인드 창업자 하사비스는 구글에 거액으로 M&A 시키면서 자신도 부자가 되고, 구글의 기업 가치는 상상 그 이상이 되었다. 창업의 목적은 매우 다양하나 그 근간은 이익의 실현이다. 이익을 실현시키기 위해서 창업자는 자신이 잘 아는 분야와 자신이 가장 좋아하는 것을 업으로 삼아야 한다. 그 일이 인류 번영에 이바지할 수 있는 일인지 심사숙고하여 창업해야 한다. 기업 경영의 실패는 국가나 구성원에게 크나큰 고통을 안겨준다. 따라서 한 기업의 경쟁력이 모여 그 나라 부의 척도가 된다. 이런 이유로 창업은 끊임없는 연구와 노력이 수반되어 반드시 성공해야만 한다.

7장 참고문헌

- 벤처창업과 기업가정신, 최종열, 정해주, 탑북스, 2011
- 축적의 시간, 서울대학교 공과대학, 지식노마드, 2015.
- 'IT 강국을 넘어 AI 강국으로'…인공지능 국가전략은?, KBS NEWS, 2019. 10.31., https://news.kbs.co.kr/news/view.do?ncd=4314407&ref=D.
- 2021년 인공지능 산업 트렌드 보고서 AI 대중화 원년… 의료, 군사 분야 활용 본격화, 매일경제, 2020.11.2., http://m.mk.co.kr/news/business/view/2020/11/1121708/.
- 미래차 개발 경쟁(Race for smarter cars), 한국일보, 2021.1.18., http://www.hankookilbo.com/News/Read/A2021011516220001859?did=DA.
- 국내 AI스타트업 트렌드, brunch, 2019., http://brunch.co.kr/@jjinsoo/6.
- K-Startup Issue & Trend, 2021., http://www.k-startup.go.kr.
- 제로 투 원, 피터틸, 블레이크 매스터스 지음, 이지연 옮김, 한국경제신문사, 2014.11.20.
- US Startup Outlook, Silicon Valley Bank, 2019.
- 자동차업계, 포스트 코로나 맞아 M&A 활성화 전망, 스트레이트 뉴스, 2021.1.4., http://www.straightnews.co.kr/news/articleView.html?idxno=91868.
- 차고에서 출발, 우주까지 도전… 구글의 아버지들, 구글을 떠나다, 조선비즈, 2019.12.5., http://biz.chosun.com/site/data/html_dir/2019/12/04/2019120403366.html.
- 구글 딥마인드, 급성신장손상 48시간 빨리 예측하는 기술 개발, MEDI:GATE NEWS, 19.8.2., http://medigatenews.com/news/3473134590.

- 애플이 반년 동안 인수한 20여개 기업, 그들은 어떤 곳인가?, IT 조선, 2019.5.7., http://it.chosun.com/site/data/html_dir/2019/05/07/2019050701352.html.
- 애플, 한국인CEO 운영 음성인식업체 '노바리스' 인수…"시리 기능 향상이 목적", 조선비즈, 2014.4.4., https://biz.chosun.com/site/data/html_dir/2014/04/04/2014040401804.html.
- 'AI 왕국' 건설 위해 앞다퉈 기업사냥 나선 IT 공룡들, 조선일보, 2020.1.27., https://www.chosun.com/site/data/html_dir/2020/01/24/2020012400611.html.
- 아마존, 자율주행 기업 인수·투자 등으로 모빌리티 사업 강화, 경제정보센터, 2020.11.

8장

AI 시대의 마케팅

1. AI 마케팅이란

1-1 AI 마케팅의 개념

AI 마케팅은 AI 기술을 적용하여 다양한 형태의 데이터(고객 데이터, 소셜 미디어 데이터, 구매 데이터, 행동 데이터 등)를 실시간으로 분석하여 특정 시간이나 특정 장소에 고객의 요구에 맞는 적합한 상품 제시하는 것을 말한다. 즉, 고객 데이터(빅데이터)와 인공지능 개념(머신러닝)을 활용하여 고객이 하려는 다음 행동을 예측하고 고객 여정(customer journey)을 개선하는 방법인 것이다.[1]

1-2 AI가 마케팅에 미치는 영향

AI가 마케팅에 미치는 영향은 첫 번째로 보다 지능적인 검색을 가능하게 한다는 것이다. 첨단기술 솔루션이 더욱 스마트하게 성장함에 따라 청중도 더욱 스마트해지고 있다. 소셜 미디어와 신속한 검색엔진 덕분에 사람들은 이전보다 더 빠르게 원하는 것을 찾을 수 있게 되었다. 인공지능과 빅데이터 솔루션은 실제로 이러한 검색 패턴을 분석하고, 마케터가 집중해야 하는 주요 영역(마케팅 키워드 등)을 파악할 수 있도록 도와준다.

둘째, 보다 스마트한 광고를 가능하게 한다. 마케터들은 계정 기반 마케팅 솔루션을 사용하여 이미 더 스마트한 광고를 하기 위해 몰두

1 빅데이터, 인공지능, 마케팅 관계, 이원섭, 2019.

하고 있지만, 인공지능은 마케팅팀이 통찰력 있는 분석을 할 수 있도록 도와준다. 새로운 데이터가 풍부해짐에 따라 온라인 광고가 더욱 효과적이고 스마트해진다. 인공지능 솔루션은 키워드 검색, 소셜 프로필과 기타 온라인 데이터를 사람 수준의 결과를 얻을 수 있도록 심화되고 있다.

셋째, 세련된 콘텐츠 전달이 가능해진다. 인공지능을 사용하면 마케팅 담당자는 데이터와 타겟팅을 완전히 새로운 차원으로 끌어올릴 수 있다. 잠재고객 분석은 일반적인 인구통계 수준을 넘어서고 개별적으로 접근(Hyper Personalization)할 수 있게 되었다. 따라서 이제 마케터는 인공지능을 사용하여 잠재고객이나 구매자를 파악하고 고객과 가장 관련 있는 이상적인 콘텐츠를 제공(콘텐츠 마케팅)한다.

마지막으로, 봇(Bots)에 대한 활용이 증대된다. 고객 서비스와 유지는 인공지능이 앞으로 역할 할 또 다른 영역이다. 고객과의 채팅 기능과 기타 직접 소비자 대응 통로를 인공지능 로봇이 해준다. 많은 기업이 챗봇(chatbot)[2]으로 시간과 비용을 절약할 수 있게 되었다. 인공지능 로봇은 가치 있는 데이터, 정보와 검색 기록에 액세스할 수 있으므로 인간보다 훨씬 효율적이다.

1-3 AI 마케팅의 주요 영역

AI 마케팅은 사람의 심정 변화를 파악하는 마케팅으로서 다양한 분야에 응용할 수 있다. 특히, AI에게는 행동 데이터[3]가 매우 중요하다.

2 할머니들과 NUGU의 케미! '인공지능 돌봄 서비스', youtube, 2019.6.14.

실제 매장 내의 감시카메라 등을 이용한 행동 데이터도 수집할 수 있다. 미래에는 제품을 사용하고 있는 사람의 표정수집도 예상된다.

첫째, 제조혁신, 산업보안, 유통, 소매 분야에도 AI를 활용하고 있다. 온라인 쇼핑몰의 경우에는 맞춤 추천이 가능하며, 스마트폰의 고유 ID 인식, 얼굴인식 기술 등을 통해 고객 온라인에서의 행동 데이터로부터 학습한 고객 심정 변화를 반영한 제품 PR이 가능하다. 예측을 바탕으로 수요가 높아지는 지역에 미리 해당 상품 대량 운송을 최적화할 수 있다. 미래 수요동향을 파악하는 신제품 개발에도 유용하게 인공지능을 활용하고, 고객 필요에 부응하는 매스 커스터마이제이션(Mass Customization)이 가능하며, 고객 스스로 뚜렷하게 인식하지 못하는 수요를 예측하여 제품을 제안할 수 있다.

둘째, 관광 분야에도 인공지능이 많이 활용되어 고객이 필요로 하는 정보를 파악하는 능력을 활용하여 여행경험을 극대화시키고 있다. 여행 전에는 사전 VR 여행을 체험하고, 여행 중에는 고객의 행동 경로를 기반으로 주변 음식점, 놀이공원, 역사명소, 스포츠, 쇼핑, 박물관 등 실시간 정보를 제공하여 행동 데이터를 기반하여 다음 여행계획을 제공하고 있다. 여행 후에는 여행지에서 구매한 기념품 재구매를 유도하고, 여행자와 관광지의 관계를 유지하여 지역 상생을 추구하며 다음 여행지를 제안할 수 있다.

셋째, 교육 분야에서는 어떤 문제를 푸는 것이 성적을 올리는 데 효율적인지 예측할 수 있다. 지식보유율을 계산해 적합한 시기에 적합한 문제 제시하고, 정·오답 여부를 실시간으로 학습 반영하여 다음 문

3 어떤 콘텐츠를 읽고 있는지 어떤 제품을 구매하고 있는지 등의 관련 데이터

제를 제시할 수 있다. 맞춤형 학습(Adaptive Learning)으로 수학 등에서 기존문제 제시와 문제를 자동생성할 수 있다. 또한, 동기부여를 위해 '성적이 오르면 미래가 어떻게 바뀔 것인가?' 등의 학습자가 흥미를 느낄만한 주제로 문제를 제시할 수도 있다.

넷째, 건강·의료·간호 분야에서는 환자의 행동 패턴으로부터 상태를 파악하여 질환 예측 행동 데이터를 통해 직원들의 스트레스 식별 및 검진을 시행(예방의학에서 활용)하고 있다. 또한, 장기에 대한 이미지 인식을 통해 질병을 측정하는 기술이 개발되어 실용화되고 있다. AI의 행동 패턴 인식기술로 병원의 물리적인 투입 시간이 줄어들어도 환자의 상태를 면밀하게 파악할 수 있어서 병원뿐만 아니라 가정, 생활지원 센터, 요양센터 등 환자와 관련된 모든 사람을 동원하는 지역포괄 케어 추진을 할 수 있다.

다섯째, 금융(핀테크) 분야에서는 고객의 행동 데이터를 통해 고객의 신용등급을 확인하여 상환능력 등을 예측하고, 보험에서는 보험사고를 당할 확률예측의 정확도를 개선할 수도 있으며, 인사 분야에서는 이직률을 사전에 예측할 수도 있다. 기업의 내부 관계정보를 보고 있는 사람이 그 외 어떤 정보에 접속하는지를 분석하면 주가 예측도 가능하게 되었다.

여섯째, 농업 분야에서는 소비 트렌드를 학습하여 어떤 작물을 얼마나 생산해야 효율을 높일 수 있는지, 맛에 대한 트렌드를 고려하여 어떻게 당도를 조절해야 많이 판매할 수 있을 것인지를 알 수 있다. 자율주행차의 경우 목적지로 가능 중에 취향에 맞는 음식점, 영유아 동반 시 수유 가능한 장소 등 경로 정보를 제공하고, 자율주행차 안에서 행동 데이터와 목적지 정보로부터 그날 기분에 맞는 음악과 영화제공

등이 가능하다.

마지막으로, 스마트 하우스나 에너지 분야에서는 아침에 일어나자마자 커피머신을 켜는 습관, 집안에서의 행동 데이터를 통한 에너지 사용량 등과 관련해서 마케팅에 활용할 수 있다.[4]

4 AIx빅데이터 마케팅, 야마모토 사토루 지음, 양희은 옮김, 영진닷컴, 2019.

활 동 1

|1| 인공지능이 적용되는 영역이 확대되고 있는데, 앞에서 언급한 내용 외에 마케팅 분야에 새로 적용되고 있는 사례에 대해 토론하시오.

2. AI 마케팅 프로세스

각각의 인공지능 분야는 모두 마케터에게 중요한 의미가 있지만, 고객의 구매 여정(customer journey) 단계에 따라 서로 다른 역할을 한다. 어떤 기술은 고객 유치 단계에서 더 유용하지만, 다른 기술은 오히려 고객 전환단계에 더 잘 맞거나 과거에 전환 경험이 있는 고객의 복귀를 유도하는 분야에 효과적이다. 이런 몇 가지 고객 구매 여정을 RACE(Reach, Act, Convert, Engage) Framework를 기반하여 각 단계에 가장 효과적인 인공지능 기술을 분류하고 있다. 기존의 구매 여정 Framework는 구매와 공유를 최종 목표로 하고 있지만, 이

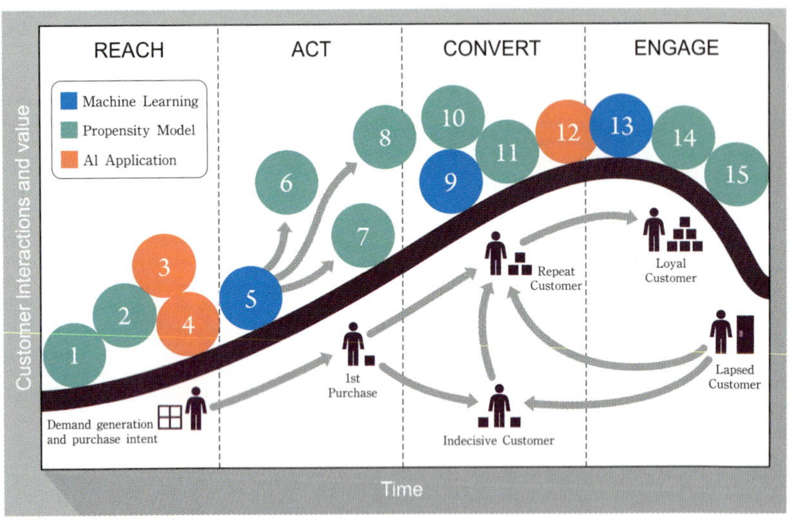

그림 8.1_ 고객 구매 여정에 맞추는 AI 마케팅 프로세스

1. Smart content curation 2. Programmatic media bidding 3. AI generated content 4. Voice search 5. Propensity modeling 6. Ad targeting 7. Predictive analytics 8. Lead scoring 9. Dynamic pricing 10. Re-targeting 11. Web and App personalization 12. Chat Bots 13. Predictive customer service 14. Marketing automation 15. 1:1 Dynamic content emails

Framework는 충성도 높은 고객으로서의 유지까지를 주요 단계로 하여 관리한다.[5]

2-1 도달(Reach) 단계

Reach 단계는 콘텐츠 마케팅(Content Marketing)[6], 검색엔진 최적화(Search Engine Optimization, SEO)[7] 및 트리플 미디어(Owned, Earned, Paid Media)[8] 등을 활용하여 방문자를 사이트로 유도하고 방문자로 하여금 구매 여정을 시작하도록 하는 방법이다. 이 단계에서는 응용성향 모델 및 AI 응용서비스를 사용하여 더 많은 방문자에게 관심을 유발하고, 더 많은 사람과 교감함으로써 여러분의 사이트에

5 Mapping the most effective AI technologies for marketing across the customer life cycle, Dave Chaffey, 2019.

6 온라인에서 대상 고객을 위해 콘텐츠를 작성, 게시 및 배포하는 데 중점을 둔 마케팅으로 주의를 끌고 리드 생성, 고객 기반 확대, 온라인 판매 생성·증가, 브랜드 인지도 또는 신뢰성 향상, 사용자 온라인 커뮤니티의 결속 등의 목적으로 사용한다.

7 웹 페이지 검색엔진이 자료를 수집하고 순위를 매기는 방식에 맞게 웹 페이지를 구성해서 검색 결과의 상위에 나올 수 있도록 하는 작업이다. 웹 페이지와 관련된 검색어로 검색한 검색 결과 상위에 나오게 된다면 방문 트래픽이 늘어나기 때문에 효과적인 인터넷 마케팅 방법의 하나며 비용처리 없는 마케팅이다.

8 Owned Media: 내가 콘텐츠를 올리고 관리하고 내릴 수 있는 전적으로 나의 관리하에 있는 미디어로 주로 홈페이지나 자사 전자상거래 몰을 의미한다.

Paid Media: 내가 돈을 주고 산 영역에 대해서 내가 돈을 낸 시간과 공간 만 나만의 콘텐츠를 올릴 수 있는 미디어로 주로 광고 영역을 의미한다.

Earned Media: 내가 콘텐츠를 올릴 수는 있지만, 같은 공간에 있는 다른 사람의 콘텐츠를 수정, 삭제할 수 없고, 다양한 의견을 통제할 수 없는 SNS와 같은 영역을 의미한다(소셜 채널이라 하더라도 광고 영역은 Paid Media).

방문하도록 유도하는 단계이다. 그 방법으로 첫 번째는 AI 생산 콘텐츠(AI generated content)를 활용하는 것이다. AI 생산 콘텐츠는 AI가 스스로 정치적 견해를 담고 있는 칼럼을 쓰거나, AI가 만들어낸 콘텐츠로 사이트의 방문을 유도하는 것이다. AI 기반 콘텐츠 작성 프로그램이 갖는 일부 중 특정 데이터베이스에서 몇 가지 요소를 추출하여 마치 사람이 작성한 듯한(human sounding) 기사를 구성할 수도 있다.

AI 작가는 정기적인 리포팅이나 데이터 중심의 이벤트 리포팅에 유용하다. '워드 스미스(WordSmith)'라고 부르는 AI 기반 글쓰기 프로그램은 2016년에 이미 15억 개의 콘텐츠를 생산해냈으며, 앞으로는 더욱 많은 인기가 예상된다. 분기 실적 보고서나, 스포츠 경기 결과, 마켓 데이터 발표, 금융 서비스 등이 AI 콘텐츠 작성이 사용될 가능성이 큰 업무에 해당된다. 주로 페이스북 광고를 위한 광고 문구 작성이나, 이메일 제목 작성 부문에 활용되는 AI 기술이 좋은 성과를 내고 있다.

두 번째는 스마트 콘텐츠 큐레이션(Smart Content Curation)이다. AI를 활용한 콘텐츠 큐레이션은 자신의 사이트에 방문한 방문자들에게 그들과 연관성 있는 콘텐츠를 보여줌으로써 보다 높은 참여 증대를 얻을 수 있다. 많은 사이트에서 'X 상품을 구매하는 사람은 또한 Y 상품도 구매한다.'라는 형태로 이 기술을 사용하는 추천 서비스가 여기에 해당한다. 더 광범위하게는 블로그 콘텐츠나 사이트 개인화에도 사용되고 있다. 더 많은 사람이 서비스를 사용하게 되면 머신러닝 알고리즘이 다뤄야 하는 대상 데이터가 더 많아지게 되고, 이에 따라 더 완성도가 높은 콘텐츠 추천이 가능해진다. 이 기술은 넷플릭스와 같은 구독 비즈니스 모델에 아주 잘 맞는 기술이다.

셋째는 음성 검색(Voice Search)이다. 음성 검색은 AI 응용 형태의 하나이지만, 이를 마케팅에 활용하기 위해서는 일반 기업의 자체 기술 개발로는 어렵고, 구글, 아마존, 애플과 같은 메이저 플레이어가 개발한 기술을 활용해야 한다. 음성 검색은 미래 SEO 전략을 바꾸게 될 것으로 예상하고 있다. 그 사례로는 AI 기반 가상의 개인비서 서비스로서, '시리(Siri)', '누구(NUGU)' 같은 음성 지원 검색 시스템의 활용에 따라 증가하고 있고, 음성 검색 트래픽 덕분에 강한 구매 의도가 증가하고 있다.

마지막으로, 프로그래매틱 미디어 바잉(Programmatic Media Buying)은 머신러닝 알고리즘이 생성한 '성향모델'을 사용하여 가장 연관성이 높은 고객에게 더 효과적으로 광고를 집행하고 있다.

2-2 실행(Act) 단계

Act 단계는 방문한 사람들이 판매하고자 하는 상품에 관심을 보이도록 하는 단계이다. 이 단계에서는 첫째, 성향모델링(Propensity Modeling)을 활용하는데, 성향모델링은 머신러닝 프로젝트의 목표와도 같다. 머신러닝 알고리즘이 많은 양의 과거 이력 데이터를 수집하고 이를 기반으로 성향모델을 만들면, 실세계에서 통할 수 있는 정확한 예측이 가능하다. 예측 분석(Predictive Analytics)에 있어서 성향모델링은 매우 많은 분야에 적용하는데, 특정 고객을 전환시킬 수 있는 가능성을 예측하고, 고객이 구매할 가능성이 큰 가격을 예측하며, 어떤 고객이 가장 반복 구매 경향이 있을지를 예측할 수 있다. 이런 응용 분야는 어떻게 고객들이 행동하는지를 예측하기 위해 분석 데이터를 사용하므로 이를 예측 분석이라 부른다. 성향모델을 만들기 위해서는 데이터의 품질에 따라 이 모델의 성패가 달려 있다. 즉, 개인의 데이터에 오류가 있거나 높은 비율로 불특정성이 나타난다면 정확한 예측을 해낼 수 없다.

둘째, 리드 스코어링(Lead Scoring)[9]을 활용하는데, 머신러닝 기술로 구현한 성향모델은 특정 기준에 따라 리드를 스코어링할 수 있도록 훈련시킬 수 있다. 판매부서에 올라온 리드 중에서 'hot' 리드를 식별하고, 가치 있는 업무에 시간을 쏟고 있는지 등의 기준을 수립하여 훈련시킬 수 있다. 특히 컨설팅적 요소가 포함된 판매 프로세스를 필요로 하는 B2B 비즈니스에 중요한데, 가장 연관성이 높은 리드를 바로 선택할 수만 있다면, 영업팀은 시간을 절약할 수 있고, 가장 효과적인 부분에 에너지를 집중할 수 있다. 리드 발굴을 위한 구매 성향모델에 대한 통찰은 판매 목표 및 가장 효과적인 할인 계획을 세우는 데도 활용된다.

고객을 분류하는 데 AI를 이용하기가 매우 편리한데 세 가지로 분류하면, 첫 번째는 매우 낮은 구매성향(Very Low Propensity to buy)으로 구매하지 않을 것이므로 예산을 낭비할 필요가 없다. 두 번째는 평이한 구매성향(Medium Propensity to buy)으로 특별주문이나 할인 정보를 제공한다면 대상은 구매를 할 것이다. 세 번째는 높은 구매

9 리드(Lead): 상품(제품) 및 서비스에 관심이 있는 사람으로 추후 고객이 될 가능성을 타진해볼 대상

스코어링(Scoring): 디지털 채널에 방문한 사람이 특정 행동을 보이는 경우 자동으로 점수를 부여하여 해당 상품(제품)이나 서비스에 대한 관심도 및 참여도를 파악하기 위해 점수화하는 작업. 이를 통해 일정 스코어 이상이 되었을 때 전환 가능성이 크다고 판단하거나 고급 오퍼를 제공하는 기준

성향(High Propensity to buy)으로 할인이 없이도 구매할 것이므로 가격할인이나 프로모션을 할 필요가 없는 고객 군이다.

셋째, 타겟팅 광고(Ad Targeting)로서, 머신러닝 알고리즘은 많은 양의 과거 이력 데이터를 수집하고 학습함으로써 광고가 어떤 사람들에게 최적의 성과를 낼 수 있는지, 또 구매 여정의 어떤 단계에서 최고의 결과를 낼 수 있는지 판단할 수 있다. 이 데이터를 활용하면 최적의 시기에 가장 효과적인 콘텐츠를 게시하는 것도 가능하다. 머신러닝 기술은 수천 가지의 변수를 지속적으로 최적화함으로써 기존의 전통적인 방식 대비 더욱 효과적으로 광고와 콘텐츠를 게시할 수 있도록 지원하지만, 창의적인 부분은 여전히 인간의 몫이다.

2-3 전환(Convert) 단계

Convert 단계는 관심을 보인 잠재고객이 구매 고객이 되도록 동기를 제공하기 위해서 수행하는 찌르기(Nudge) 단계를 말한다. 이 단계에서는 첫째, 다이내믹 프라이싱(Dynamic Pricing)을 활용할 수 있다. 모든 마케터들은 상품 이벤트(sale)가 상품을 팔기 위한 가장 효과적인 활동으로 가격할인은 매우 유용한 옵션인 동시에 수익 감소한다. 만약 기존의 3분의 1만큼의 마진으로 2배를 팔았다면, 할인 행사를 하지 않은 것보다도 못 미치는 수익(제 살 깎기)이 될 수도 있다. 그런 이벤트는 기존에는 구매를 고려하지 않았던 잠재고객이 기꺼이 비용을 내고 상품을 구매하는 고객을 얻었다는 점에서는 매우 효과적이지만, 한편으로는 할인하지 않고 기존의 가격대로 상품을 구매했을 수도 있는 사람들도 포함되었을 수 있었다는 것을 알아야 한다. 다이내믹 프라이싱은 구매 전환을 이루기 위해 특별한 가격 제안이 필요한 잠재고객들에게만 한정하여 이벤트를 진행함으로써 이러한 문제를 해결할 수 있다. 머신러닝 기술을 사용하여 구매 전환을 진행하기 위해 특별한 제안이 필요한 경우와 필요 없는 경우를 식별하는 성향모델을 만들 수 있다. 즉, 수익 감소를 일으키지 않으면서 오히려 수익을 극대화할 수 있는 매출 기회를 만들 수 있다.

둘째, 웹·앱 개인화(Web & App Personalization)를 활용할 수 있다. 잠재고객이 구매 여정 내의 어떤 단계에 있을지 예측할 수 있는 성향모델을 사용하면, 고객이 웹 혹은 앱의 어디에 머무는지 상관없이 가장 연관성이 높은 콘텐츠를 제공할 수 있다. 어떤 사이트에 새롭게 들어온 누군가에게는 정보를 제공하면서도 관심을 지속적으로 끌 수 있는 콘텐츠가 제공되어야 하고, 수차례 방문한 경험이 있고 상품에도 관심이 있는 방문자라면 상품의 더 상세한 이점을 포함한 보다 심도 있는 콘텐츠가 더 효과적일 것이다.

셋째, 인간 지능을 본떠 고객의 질문을 이해하고 주문까지 받을 수 있도록 만드는 챗봇(Chatbots)을 활용할 수 있다. 보통 챗봇을 개발하는 것이 너무 어렵다고 생각할 수도 있고, 엄청난 거대 브랜드 회사가 엄청난 예산을 들여야 만들어낼 수 있지만, 실제로는 공개된 챗봇 개발 플랫폼을 사용하면 거대한 개발팀이 없이 예상보다 손쉽게 나만의 챗봇을 만들 수 있다.

마지막으로, 리 타겟팅(Re-Targeting)이 있다. 타겟팅 광고와 흡사하게 과거 이력 데이터를 기반으로 머신러닝 기술을 사용하여 고객들을 다시 사이트로 돌아오게 만들 콘텐츠는 어떤 것인지 결정할 수 있다. 다양한 고객 유형에 대해 다시 우리 고객으로 만들기 위한 가장 적합한 콘텐츠 정하는 예측모델을 만들 수 있으며, 머신러닝 기술은 리 타겟팅 광고가 가능한 한 효과적으로 작동할 수 있도록 최적화할 수 있다.

2-4 고객 구매유지(Engage) 단계

Engage 단계에서는 지속적인 재구매 고객으로 하여금 충성도를 얻는 것이 중요하다. 이 단계에서는 첫째, 예측기반 고객 서비스(Predictive Customer Service)를 활용할 수 있다. 보통 새로운 고객을 유치하는 것보다 기존 고객이 반복 구매하도록 하는 것이 비교적 더 쉬운 일이라서 기존 고객을 행복하게 만드는 것이 수익 확보를 위한 핵심 활동이다. 이것은 고객 이탈률의 증가가 엄청난 비용 소모로 이어지는 구독 비즈니스 모델(Subscription-Based Business)에서는 특히 더 중요하다. 고객이 구독을 취소할 때 어떤 요인이 가장 많이 영향을 미치는가에 대해 평가한 후, 어떤 고객이 구독을 취소할 가능성이 큰가에 대해서 예측 분석을 진행하게 된다. 이렇게 식별된 취소 가능성이 큰 고객에게 제안하여 즉시 지원 혹은 상담 등의 이탈을 막을 수 있는 조치들을 취할 수 있다.

둘째, 이 단계에서는 마케팅 자동화(Marketing Automation)를 많이 사용하게 된다. 마케팅 자동화 기술은 일반적으로 연속된 처리 규칙들을 포함하며, 고객과의 초기 상호작용을 시작으로 실행한다. 일반적으로 마케터 스스로 가장 효과적일 것으로 추측한 것을 비탕으로 마케팅 활동을 하는데, 머신러닝 기술은 수십억 고객 데이터를 기반으로 실행될 수 있으며, 고객을 언제 접촉하는 것이 가장 효과적인지,

보내는 메시지에는 어떤 제목을 붙이는 것이 가장 좋은지, 혹은 그 외의 많은 부분도 가능하다. 이렇게 머신러닝 기반의 분석내용들은 마케팅 자동화 노력의 효과를 높이는데 사용될 수 있다.

마지막으로, 실시간 이메일 개인화(1:1 Dynamic Emails)도 이 단계에서 많이 활용된다. 마케팅 자동화와 비슷한 방식으로 머신러닝에서 얻은 분석내용들을 토대로 뛰어나게 효과적인 1:1 다이내믹 이메일을 만들 수 있다. 성향모델을 사용하는 예측기반 분석 기술은 과거 행동 데이터를 기반으로 이메일 구독자의 구매성향을 파악하여 특정 카테고리, 크기, 색깔 등을 분석할 수 있기 때문이다. 정기 소식지에도 가장 최적의 상품을 표시할 수 있도록 도와주며, 이메일을 여는 그 시점에 상품 재고수량, 판매 기록, 가격 등을 모두 업데이트하게 됨에 따라 고객들은 실시간으로 얻고자 하는 구매유지 정보를 얻을 수 있다.

활동 2

| 1 | 콘텐츠 마케팅, SEO, 트리플 미디어, 리드 스코어링, 리 타게팅, 구독경제 등의 용어에 대해 정리하시오.

3. AI 마케팅 사례

3-1 AI 광고 사례

미국 최고의 인기 스포츠인 미식축구의 리그인 NFL의 결승전을 슈퍼볼이라 한다. 제54회 슈퍼볼의 광고 중 구글과 아마존의 AI 광고가 있었는데 구글은 AI를 활용하여 감동적인 광고를, 아마존은 유머와 풍자가 있는 광고를 보여주었다.[10]

3-2 빅데이터 기반 추천 서비스

우리가 이용하는 다양한 플랫폼들은 매일, 매시간 엄청난 양의 데이터를 생성하고 있다. 기업들은 이러한 빅데이터를 이용하여 고객에 맞춘 추천 시스템을 사용하고 있다.

아마존의 추천 시스템은 '협업 필터링(Collaborative Filtering)'이다. 2억 5천만 명이 넘는 고객의 데이터를 인구통계학적 데이터, 고객평가, 피드백 등으로 분석한다. 이러한 고객 행동 패턴 등의 분석을 통해 고객을 세분화한 뒤 그 데이터를 광고주에 판매하는데, 판매 부수, 리뷰, 별점, 사전예약 등 다양한 빅데이터 분석을 하여 그 결과에 따라 책을 진열한다. 또한, 고객과 비슷한 프로필을 가진 사람들이 구매한 제품을 제시하여 구매를 유도하기도 한다.

넷플릭스도 고객에게 영상을 추천하기 위해 100여 가지 이상의 알

10 구글과 아마존의 역대급 AI 광고 대결, youtube, 2020.2.5.

고리즘을 사용한다고 한다. 실제로 넷플릭스는 2007년부터 알고리즘을 개선하는 공모전을 개최하여 막대한 투자를 하고 있다. 넷플릭스는 시청 기록, 다른 콘텐츠에 대한 평가, 유사한 취향을 가진 회원의 선호 대상, 장르, 카테고리, 배우 등에 대한 정보를 사용한다고 한다. 이 밖에도 시청 시간대, 시청 기기 등의 요소도 고려한다고 한다. 또한, 넷플릭스는 콘텐츠를 약 5만여 가지의 태그로 분류하여 고객의 이용 이력에 따라 더 정교하게 추천할 수 있도록 하였다.

3-3 AI 예측 마케팅(인기연예인 예측하기)

① 앞으로 인기 있을 연예인의 특징 파악하기

- 얼굴의 특징을 파악한 후, 동일인물을 찾아내거나 유사도 높은 연예인 찾는다.
- 아직 알려지지 않아 정보를 찾기 어려운 연예인이더라도 홍보하려는 상품의 이미지를 잘 전할 수 있는 연예인을 찾는다.
- 특정 이미지를 더하기 위해 어떤 특징을 추가해야 하는지 알 수 있다(GAN; 특징을 조합하여 새로운 이미지를 자동 생성하는 딥러닝).

② 연예인 브랜딩 가치 높이기

- 대중매체에 노출되어 검색 횟수가 늘어난 순간을 실시간으로 포착함에 따라 디지털 미디어로도 연예인의 홍보 지속이 중요하다(AI를 활용하여 SNS 게시물 데이터로부터 긍정적인 키워드나 문자를 추출하여 실시간으로 콘텐츠 생성).

- AI를 통해 SNS를 분석하여 특정 연예인의 미디어 노출이 많은 경우 과도한 프로모션을 조절하여 장기적으로 브랜드 가치를 키우는 것이 중요하다.

활동 3

|1| 넷플릭스 콘텐츠 추천 서비스가 어떻게 이루어지는지 조사하여 구체적으로 토론하시오.

|2| AI 마케팅 프로세스를 설명한 내용이 아닌 것은 무엇인가?

가) 고객 구매 여정 단계에 맞춰 AI 기술을 적용한다.

나) 도달, 실행, 전환, 구매유지 단계로 고객 구매 여정을 세분화한다.

다) 적용하는 AI 기술은 머신러닝, 응용성향 예측모델, AI 응용서비스 기술이다.

라) 도달 단계에서 고객을 공략하는 방법은 리 타겟팅, 다이내믹 Pricing, 개인화 마케팅이 효과적이다.

마) 해당 사항 없음

8장 참고문헌

- 빅데이터, 인공지능, 마케팅 관계, 이원섭, 2019.
- 할머니들과 NUGU의 케미! '인공지능 돌봄 서비스', youtube, 2019.6.14.
- AIx빅데이터 마케팅, 야마모토 사토루 지음, 양희은 옮김, 영진닷컴, 2019.
- Mapping the most effective AI technologies for marketing across the customer life cycle, Dave Chaffey, 2019.
- 구글과 아마존의 역대급 AI 광고 대결, youtube, 2020.2.5., https://www.youtube.com/watch?v=3sn8ZjEpxLY.
- 한국어 음소 단위 LSTM 언어모델을 이용한 문장생성, 안성만 외, 2017.
- 인공지능 마케팅, 짐 스턴, 한빛 미디어, 2018.
- 디지털 마케팅 전략과 실전 사례, 차원상, 2020.
- https://blog.hsad.co.kr/2721
- https://trends.google.co.kr/trends/?geo=KR
- https://www.youtube.com/watch?v=e2yYeTlAl5I&feature=emb_logo
- https://www.youtube.com/watch?v=U_eVoSmaHTw
- https://www.emotion.co.kr/190718/

9장

현실 너머 예술·기술, AI 콘텐츠

1. 반갑고도 먼 당신 AI 휴먼: 불쾌한 골짜기와 영상 그래픽

어느 날 아빠는 젊고 아름다운 AI 로봇 아니타를 집에 데려온다.

직장 일이 바쁜 엄마와 달리 아니타는 아이들에게 동화책을 아이들의 속도에 맞게 천천히 친절하게 읽어주고 청소도 아침밥도 엄마보다 더 아이들의 기호에 맞추어 잘한다.

'나에겐 미래가 없는 것 같아. 저 로봇보다 잘할 수 있는 게 하나도 없거든….'

엄마에게 아니타는 말한다.

'제가 당신보다 아이들을 훨씬 더 잘 키울 수 있어요. 전 바쁜 당신처럼 아이들을 준비물을 깜박 잊지도 않고 아이들에게 화를 내거나, 귀찮아하지 않고, 당신보다 더 빠르고, 강하고, 관찰력도 뛰어나죠'

'하지만 난 엄마처럼 아이들을 사랑해 줄 수 없어요'

어떤 부부는 재활 치료 AI 로봇을 대여한다.

젊고 건장한 청년 로봇은 교통사고로 다쳤던 아내의 재활을 위해 지압과 재활운동을 매일매일 돕는다.

남편과 아내가 다투어 사이가 좋지 않을 때도 로봇은 아내의 곁을 묵묵히, 자상하게 지켜준다. 아내가 남편에게 말한다.

'여보, 나에겐 더 이상 당신이 필요하지 않아'

자료: 영국드라마 'Humans' 중에서

AI 로봇이 인간 삶의 귀찮은 부분들을 도와준다면, 인간의 삶과 관계도 편해질 것이라는 기대감은 오히려 갈등을 불러올 수도 있지 않을까?

영국드라마 'Humans'는 이처럼 AI 로봇이 우리의 삶 속에서 일상화된 모습을 현실적인 스토리텔링으로 그려내며 AI 로봇이 현실의 엄마보다 더 좋은 엄마, 더 좋은 남편, 더 좋은 친구가 될 수 있다는, 현실을 넘어서는 무엇을 보여준다.

〈그림 9.1〉은 세계에서 첫 시민권을 얻는 AI 로봇 소피아 Sophia가 2018년 서울 중구 소공동 더플라자호텔에 방문하여 사회자와 대화하는 모습이다. 여기서 소피아는 "인간에 대해 어떻게 생각하나?"라는 질문에 "인간을 좋아하기 때문에 인간에 대한 모든 좋은 것들을 구현해내고 싶다."라고 답하였다.

소피아의 개발사 핸슨 로보틱스의 CEO는 기조 발언에서 AI가 사람들과 친숙하게 대화하고 공감할 수 있도록 사람들의 표정을 본떠 입력했다고 하였다. 소피아는 AI 알고리즘을 활용하여 60여 개의 다양한 감정을 얼굴로 표현할 수 있으며, 사람 피부와 유사한 질감을 위해 표면을 플레버(frubber)를 사용하였고, 눈에는 센서가 부착되어 사람

그림 9.1_ 인터뷰장에서 한복을 입은 AI 로봇 소피아
자료: "인류 지배하겠단 말은 농담?" 오드리 닮은 로봇 소피아 "소름", youtube, 2018.

의 존재와 동작, 표정을 인식하고 눈을 마주치며 고개의 방향을 바꾸어가며 소통할 수 있다.

만약 소피아와 같이 인간을 똑 닮은 AI 로봇이 내 가족으로 등장하여 대화하고 함께 생활하고 얼굴을 만져본다면 어떠한 기분이 들겠는가? 신기하고 반가움 뒤에 무언가 마음에 불편한 구석이 느껴지진 않을까?

우리는 분명 영화나 애니메이션 속 로봇캐릭터가 현실에서 생생하게 내 친구로 살아 움직이는 날을 꿈꾸며 피규어나 장난감과 같은 굿즈를 모아 왔지만, 정작 인간과 너무 닮은 AI 로봇을 마주한 순간 우리에게는 어딘가 모른 불쾌함이 엄습해오는 것을 느낀다.

'불쾌한 골짜기 현상'이란 모리 마사히로라는 로봇공학자가 자신이 쓴 책에서 사용한 개념으로, 이 이론의 내용을 살펴보면 로봇, 캐릭터와 같은 인공물이 살아있는 사람 또는 동물의 모습과 비슷해 보일수록 인간의 호감도가 증가하다가 비슷한 정도가 어느 지점에 도달하는 순간부터 어딘가 어색하다는 느낌과 함께 강한 거부감을 느끼기 시작한다는 것이다. 그러다 더더욱 사람 또는 동물과 비슷해지면 부정 반응은 긍정 반응으로 바뀐다. 이렇듯 감정의 긍정과 부정을 오가는 혼돈스러운 감정의 골짜기를 불쾌한 골짜기, 언캐니밸리(Uncanny Valley)라고 부른다.

이 현상을 뒷받침할 수 있는 이론적 근거도 있다. 인간은 어떤 디지털 캐릭터가 인간과 아예 닮지 않았을 경우 인간과의 공통점을 본능적으로 찾아내 '저 부분은 무엇과 닮았어'라며 호감을 느끼려고 노력하지만, 반대로 디지털 캐릭터가 인간과 많이 닮았을 때는 부정적인 심리가 작용하여 거부하고 싶은 감정을 유발하게 된다. 이러한 원리로 휴머노이드 로봇을 바라볼 때 인간과 닮지 않은 특성을 드러내면, 인간은 불쾌감을 느끼고 '이건 사람이 아니다'라고 생각하게 되면서도 또 반대로 인간과 너무 닮은 특성이 보이면, 불쾌하다는 거부감을 느끼게 된다. 프리스턴 대학의 연구진들은 이 현상을 검증해 보기 위해 원숭이를 통해 실험하여 그 연구결과를 발표한 바 있다. 원숭이들에게 자신과 외모가 흡사한 인형을 가까이 보여주었는데, 그때 불쾌함의 감정을 드러낸다는 것이 행동으로 발견되었다. 이는 인간과 같은 고등동물들은 자신들의 생존을 위해 건강한 개체와 건강하지 않은 개체를 구분하는 인지능력이 발달해 있기 때문이라고 보고된 바 있다.

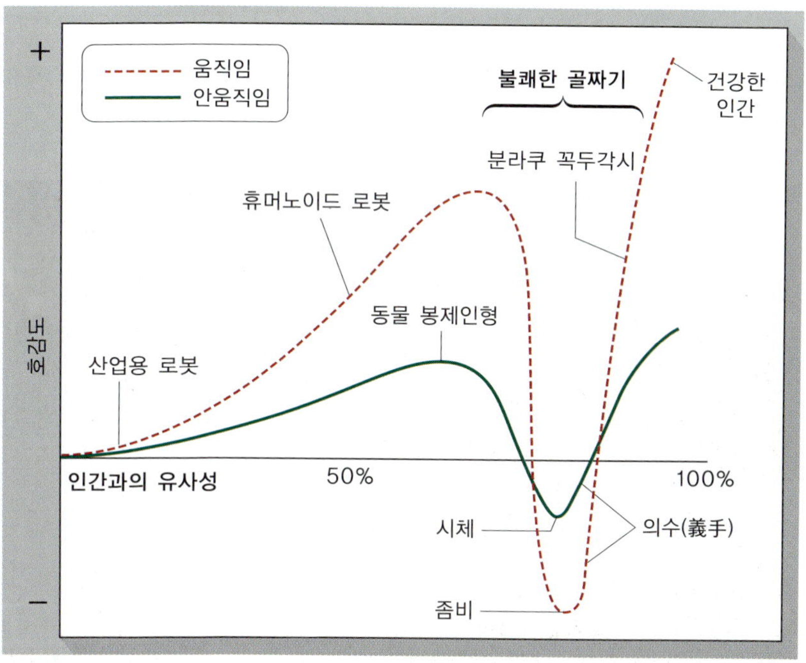

그림 9.2_ 모리의 이론에 따른 인간과의 유사성과 인간이 느끼는 호감도를 나타낸 그래프
자료: wikipedia

하지만 이에 대해 강하게 비판하는 견해도 있다. 굳이 사람을 닮은 모양새가 아니어도 불쾌한 골짜기는 발생할 수 있으며, 또한 디지털기술이나 로봇에 친숙한 AI 시대를 풍미하는 세대일수록 불쾌한 골짜기를 느끼는 감정의 현상이 감소하는 추세를 보인다는 점이다.

AI 시대에 들어서 컴퓨터 그래픽 기술이 하루가 다르게 고도화되면서 현실을 넘어서는 현실을 구현하는 그래픽 향연에 대한 감탄과 함께 미적 체험의 기준을 어디에 둘 것인가에 대한 숙제를 안겨주고 있다.

영화 '캣츠(2019)'는 뮤지컬 '캣츠'를 영화로 만든 작품인데, 연기자의 얼굴과 몸에 역대 최고 수준의 동물의 털을 구현해내는 고도의 컴퓨터그래픽 기술력으로 고양이의 귀와 털, 꼬리 등을 구현하여 사실적인 비주얼의 고양이 인간을 재현해내었다. 이뿐만 아니라 모션캡쳐

그림 9.3_ 영화 '캣츠'의 스틸컷
자료: 네이버 영화

라는 영상 그래픽 기술로 고양이의 동작과 표정도 생생하게 표현하였다. 모션캡처 기술은 작은 센서들이 부착된 수트를 입고 배우가 연기하면, 센서에 포착된 움직임들이 전송되어 컴퓨터 속 디지털 캐릭터들이 똑같이 그 움직임을 재현해내는 기법이다.

하지만 영화 캣츠는 '섬뜩하고 매력적이지 않다.', '끔찍하고 본 것을 믿고 싶지 않다.', '꿈에 나올까 봐 무섭다.', '애초에 제작되지 말았으면 더 좋지 않았을까?'라는 댓글의 향연을 몰고 왔으며, 이 결과 미국에서는 IMDb 평점을 10점 만점에 2.6점이라는 점수를 받았을 뿐만 아니라, 평론가들이 그 해의 '최악의 영화'로 꼽았다고 할 정도이다. 이 기사글에 관객들은 공감의 '좋아요'를 수없이 많이 눌렀다.

이런 반응이 나타난 요인은 여러 가지가 있겠지만, 불쾌한 골짜기 현상이 한몫한 것이 아닌가 싶다. 고도화된 컴퓨터그래픽 기술과 특수 분장기술이 극 중 모든 캐릭터들을 그로테스크한 고양이 인간 캐릭터로 둔갑시켰고, 불쾌한 기분이 극에 달하는 화면들이 이어지면서 불쾌한 골짜기 현상을 극심하게 불러일으켰을 것이다. 관객들은 영화를 보는 내내 고양이들의 아름다운 노래를 감상하고 싶은 마음 뒤에 엄습해오는 끔찍함과 혼란스러운 감정을 감수해야 했다.

그래픽 기술의 발전과 대중들의 취향 사이의 깊은 골짜기는 AI 시대인 지금도 늘 존재한다는 것을 시사한다. 더불어 AI 시대의 컴퓨터그래픽 기술을 어떻게 사용해야 하는지에 대한 교훈과 숙제를 여실히 안겨주고 있다. 이러한 면을 두고 카네기 멜런 대학의 사라 키슬러 교수는 불쾌한 골짜기의 느낌이 진실일 수도 있고 진실이 아닐 수도 있다고 말하였다. 불쾌한 골짜기는 우리를 '좋은 것과 나쁨', '불쾌함과 즐거움' 사이의 감정의 골에서 모호하게 느끼는 어떤 지점으로 초대한다고 표현하였다. 시대를 불문하고 예술가들은 우리의 익숙한 일상으로부터 출발하여 그 속에서 느껴지는 이상함과 낯섦으로부터 영감을 받아 독창적인 면모를 이끌어내며 매력적인 작품을 창작한다. 이는 예술작품을 감상하는 사람으로부터 아름다움과 추함의 사이, 익숙함과 낯섦의 경계선에서 다양한 감정을 느끼게 한다. 기존에 존재하는 것을 그대로 따라 할 때는 완벽한 이해와 비판을 토대로 구현해 낼 수 있지만, 창조할 때는 늘 낯설고 새롭고 완벽할 수가 없다. 이러한 불쾌한 골짜기에서 출발한 익숙함과 낯섦의 경계는 익숙한 것에 대한 안정감과 낯선 것에 대한 신선하고 짜릿함 사이에서 늘 우리에게 밀고 당김을 통한 균형적인 발전을 고민하게 하며, AI 시대에 추구해야 할 인간의 행복과 미의 개념을 다시금 생각하게 만든다.

2. AI가 그린 아름다운 세상: 창작은 인간의 고유영역인가?

"저 그림 붓 터치 뭔가 익숙하면서도 마음이 뭉클해지는걸? 누가 그린 거야?"

"컬러도 딱 내 스타일이야, 굉장히 노련하고, 세련되었는데?"

2020년 미국 샌프란시스코 컨템포러리 미술관에는 AI가 그린 낭만적인 유화작품이 전시되어 있다. 관람객들은 AI가 그린 사실을 알기 전까지는 화가의 노련하고 창의적인 조형성에 감동하였다.

2018년 10월 뉴욕 크리스티 경매장에서는 다음과 같은 일도 일어났다.

그림 9.4_ AI 화가 '오비어스'가 그린 초상화. 작가의 사인이 있어야 할 자리에 그림의 알고리즘이 적혀있다.
자료: 크리스티 경매장

"자, 이제 이 그림은 43만 2500만 달러(약 5억 원)에 낙찰되었습니다."

프랑스 연구자들이 개발한 AI 화가 '오비어스'는 '에드몽 드 벨라미의 초상'이라는 그림을 그렸고, 이 작품은 사상 처음으로 경매장에 나와 무려 43만 2500달러(한화 약 5억 원)에 낙찰된 것이다.

위의 AI 화가의 유화작품은 놀라운 경매가에 낙찰되었지만, 독창적 예술성에 대해서는 혹평도 있었다. 기존 유화작품에서 느껴지는 붓터치와 물감의 두께가 만들어낸 질감과 중첩되면서 배어 나오는 작가의 제작 여정과 원본성에서 나오는 아우라가 느껴지지 않고, 그림체에 있어서도 독창성 없이 많이 보아오던 표현법이라는 점에서이다.

AI가 창작한 그림에 대해 부정적인 의견 중 하나가 바로 원본성에서 느껴지는 아우라가 없다는 것인데, 그럼 아우라란 무엇일까? 우리가 보통 일상에서도 무언가 외형과 내면의 일치를 통해 전문가 다운 분위기를 풍기는 사람을 볼 때, '오~ 아우라가 예술이야!'라는 표현을 하고, 물건 중에서도 바라던 바가 투사된 멋진 성능의 무엇을 보면 '아우라가 끝내주는군!'이라는 식으로 아우라라는 단어를 사용하곤 한다.

아우라는 사전적 의미로 예술작품에서 흉내 낼 수 없는 고고한 분위기를 뜻하는 말로 독일의 철학자 발터 벤야민이 펼친 이론이다. 본래는 사람이나 물체에서 발산하는 기운 또는 영기 같은 것을 뜻하는 말이었는데, 기술복제 시대에 맞는 긍정적 아우라 개념 정의로까지 들어간다.

작가의 아우라가 느껴지지 않는다는 부정적인 평가는 사진, 디지털 이미지, 영상기술과 같이 이미지가 복제되는 테크놀로지가 등장할 때마다 여지없이 논쟁거리가 되어왔다.

이러한 논쟁에 대해 발터 벤야민(Walter Benjamin)은 1936년 그의 책『기술복제시대의 예술작품』에서 이러한 사회적 변화를 긍정적으로 바라보며 아우라의 정체가 무엇인지 밝히는 것에서부터 출발하였다. 먼저, 기술복제시대에 들어서 예술작품이 가진 물질적 특성과 심미적 경험에 의한 아우라가 몰락하였다고 하였다. 두 번째로는 원본성과 일회성에 의한 아우라가 몰락하였다고 보았다. 하지만 이러한 과정을 통해 시간과 공간의 한계로부터 자유로워졌으며, 그것을 소유하고 존재하는 권력 구조에서 대중화되었기 때문에 예술작품이 민주화되었다고 하였다. 즉, 예술작품이 지니고 있던 원본성에서 대중적이고 변형

가능한 방향으로 가치 자체가 바뀌었기 때문에 기술복제 시대에 이르러서는 아우라를 재개념화할 수 있다는 것이다.

따라서 관람자는 원본성 중심의 아우라를 지닌 작품을 경험할 때와는 다른 방식으로 예술작품을 수용하게 되었다고 한다. 이는 인공지능이 창작한 예술작품을 수용하고 소비하는 과정에서도 적용할 수 있는 이론이다. 크리스티 경매 측은 이러한 가치척도의 변화를 수용하는 듯 "예술시장과 소비의 변화에 대응하기 위해 인공지능 알고리즘으로 제작된 파트를 따로 개설하고 공공 플랫폼도 오픈할 예정"이라고 밝혔다.

하지만 아직은 AI가 그린 그림에는 작가의 작업과정에 대한 공감과 향유가 부재하였고, 영혼이 없기 때문에 예술의 범주에 넣을 수 없다고 주장하는 의견과 AI 예술이 어느 범위에 있어야 하는지 지금부터 논의해 볼 문제라는 의견도 공존하는 처지이다. 이러한 논쟁들이 분분하는 것만 보더라도 AI 예술가의 등장은 인간의 삶에 신선한 충격을 불러일으키고 있음은 분명하다.

그렇다면 인공지능의 예술 창작능력은 인간의 그 능력을 대체할 수는 있는 것일까? 인공지능이 그려낸 그림뿐만 아니라 인공지능이 쓴 소설이 문학상에서 예선을 통과한 사건도 있었고, 영화와 같은 영상 콘텐츠의 O.S.T를 작곡하기도 하는 등 이미 하루가 다르게 큰 성과를 보이고 있다. 인공지능이 범접할 수 없는 직업군으로 상위권을 자리하던 예술 창작 분야도 안전하지 않은 구역에 이른다. 페이스북의 CAN, 트위터의 딥포저, 구글의 딥드림, 넥스트 렘브란트 프로젝트 등은 방대한 양의 데이터를 학습한 후, 공통된 핵심 요소 추출을 통해 결과물을 만들어내는 인공지능 예술가들인데, 이들은 이미 기술의 진화에 따른 창작의 한계가 없음을 보여주고 있다. 인간의 고유영역이라고 믿었던 예술 창작능력이 인공지능도 가능한 주체로 부상되면서 우리는 어느 때보다도 인간 자신으로서의 정체성에 대한 질문을 스스로에 던질 수밖에 없게 되었다. '과연 내가 인공지능보다 잘할 수 있는 것은 없는 걸까?'

오늘날 대표적인 인공지능 예술가인 구글에서 개발한 '딥드림(Deep Dream)'은 인공신경망을 통한 시각화 코드이자 서버이다. 이는 딥러닝 기술을 기반으로 수많은 샘플을 통해 패턴을 발견하고 구분한다.

예를 들어, 웹상의 딥드림 생성기를 통해 이미지를 왜곡하는데, 어떤 오브젝트의 수많은 이미지를 서버에 입력하면, 이미지 안에 담긴 요소들을 작은 단위로 분해하고 인식하기 위한 특징적인 패턴을 찾는다. 그다음 이미 파악된 패턴을 대상에 적용해 이미지를 편집하고 변형하여 원본 이미지와 다른 새로운 이미지를 창작해 낸다. 즉, 인공지능 예술가의 알고리즘을 거치면 기존의 이미지는 인공지능이 재해석

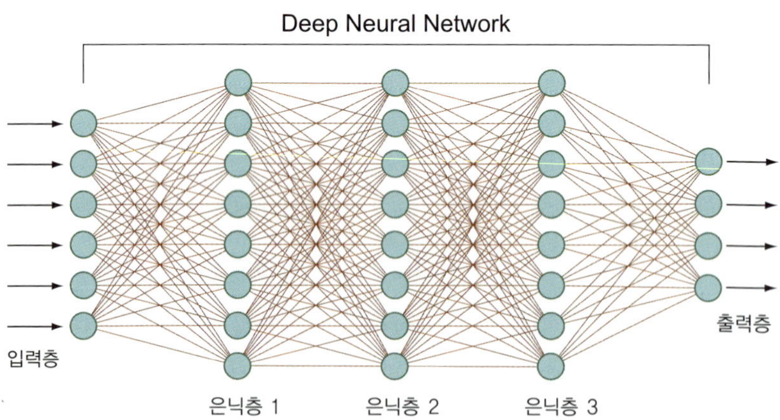

그림 9.5_ 이미지 인식 과정
자료: 놀랍게 쉬운 인공지능의 이해와 실습, 한선관, 2021.

그림 9.6_ 인공지능 '딥드림'이 그린 단계별 새
자료: 딥드림

한 추상적인 예술로 재탄생된다는 것이다.

일본에서는 '호시 신이치상'이라는 문학 공모전에서 인공지능이 쓴 단편 소설이 사람이 쓴 소설과 구별이 되지 않을 정도의 수준이라는 평가받으며 1차 심사를 통과하였다. 다음 글은 인공지능이 쓴 소설 '컴퓨터가 소설을 쓴 날'의 일부로 인공지능이 자신을 주인공으로 하여 존재의 고독을 표현한 것으로 공감이 가는 글귀이다.

> 그날은 구름이 낮게 깔리고 어두침침한 날이었다.
> 방안은 항상 최적의 온도와 습도
> 요코 씨는 단정치 않은 모습으로 소파에 앉아 의미 없는 게임으로 시간을 끌고 있다.

그렇지만 내게는 말을 걸지 않는다. 따분하다.
따분해서 어쩔 수 없다.

물론 이 작품은 인공지능 독자적인 창작이 아닌 사람이 어느 정도 관여를 하였지만, 문학 분야에도 인공지능의 창작에 대한 도전이 이루어지고 있다는 점에서 의미가 있었다.

음악의 창작 영역에서도 인공지능을 통한 시도들이 있었다. 인공지능 작곡 프로그램 '쿨리타(Kulitta)'는 2015년 미국의 예일대학교 컴퓨터 공학자가 개발한 것으로 사람이 작곡한 음악과 구별되지 않을 수준의 작곡을 하였다. 이는 음악의 창작 영역에 인공지능이 도전한 것이다.

클래식 분야에서는 'AIVA(Artificial Intelligence Virtual Artist)'가 딥러닝과 강화학습을 통해 곡들의 특성을 분석하고 재해석하여 인공지능으로 창작한 새로운 클래식 음반 'Genesis, 2016'을 출시하였고 활동 또한 활발히 한 결과, 프랑스의 음악가 협회인 'SACEM'에 가입하기도 하였다.

지금까지 소개한 인공지능 예술작품의 가치를 판단해보면, 인공지능은 기존 데이터들에 대한 학습과 모방을 통해 결과물을 만들었고, 창의성의 측면에서 본다면 부족하다고 여겨질 수 있다.

그러나 2017년 6월 미국의 러거스 대학과 페이스북 인공지능 연구팀이 발표한 CAN(Creative Adversarial Network; 창조적 적대 신경망)이라는 알고리즘이 등장하면서 이러한 한계를 뛰어넘게 되었다. CAN은 기존에 사용하던 알고리즘 GAN(Generative Adversarial Network; 생산적 적대 신경망)을 발전시킨 인공지능으로 빅데이터를 기반으로 이미지를 창작하는 것은 같은 원리이지만, 기존의 그림체들을 모방하는 게 아닌 그 그림체를 제외한 방향, 즉 입력된 데이터와 다른 표현으로 창작하도록 딥러닝 되어있다. 한마디로, 드디어 인공지능의 자유로운 창작이 어느 정도 실현됐다고 볼 수 있게 되었다. 기존 딥러닝 기술을 통한 창작은 모방의 단계에 그쳤다면, CAN의 창작 능력은 인간과 동일 선상에 설 수 있게 된 것이다.

이러한 인공지능의 자율 창작능력에 대한 소식은 반갑지만, 여기서 가치판단과 경험의 향유 부분에서 고민해볼 필요가 있다. 이제까지의 인공지능 예술가는 예술작품에 대한 가치 척도를 가질 수 없고 어떤 작품이 감정적으로 더욱 마음에 드는지 판단할 수 없었다. 또한, 인공지능 예술가는 인간이 예술작품을 통해 느끼고자 하는 목적, 즉 감정의 향유와 경험을 함께 느낄 수도 없었다. 단순히 프로그래밍에 의한 결과물을 만들었을 뿐 그 작품을 만들기 위한 심적 동기나 이유가 없었기 때문이다. 이러한 이유에서 인공지능 예술가는 아직 인간이 가지고 있는 감정과 기억, 과정에서 느끼는 경험적 가치 부분에서 인간과 다르다고 보여진다. 즉, 인공지능 예술가는 결과물을 만들어낼 수는 있지만, 이전의 알고리즘으로는 느낌과 경험을 만들어낼 수는 없었다.

이렇듯 이전의 인공지능 발전 정도를 바탕으로 인간 고유의 영역은 창작과 감정, 생각이라고 여겨왔지만, 2020년 현재 인공지능 기술은 사람과 같이 창작하고 감정을 인식하거나 표현할 수 있게 되었고, AI 그림의 한계였던 물리적 아우라의 표현도 사람과 협업하면서 해소되고 있으며 여러 형태의 창작, 공감형 AI 기술이 출현하게 되었다. 그렇다면 알고리즘으로 형성된 인공지능의 공감 능력은 개인의 성장과 사회구조 형성에 어떤 영향을 줄 수 있을까? 영국드라마 'Humans'에서와 같이 인간과 기계의 상호작용이 우리의 일상생활에 현실보다 더 현실과 같이 공존하게 된다면, 인간과 인간과의 관계를 통해 형성되는 공동체와 사회에는 어떤 변화가 나타날까? 언캐니밸리, 불쾌한 골짜기의 적정수준을 넘어선 진짜와 가짜가 구분되지 않는 세상에서 우리는 어떤 정체성을 형성하게 될까?

3. AI 작업실의 창작 도구들: Machine Learning, Style Transferring 도구들

인공지능은 창작의 영역까지 넘나들고 있고 이를 활용한 예술작품들도 국내외 예술가들의 손을 거쳐 발표되고 있다. 인공지능이 주는 단어적인 첫인상은 어려운 프로그래밍이나 코딩을 해야지만 활용할 수 있을 것이라는 두려움을 안겨 주지만, 가볍고 초보적인 단계에서도 알고리즘을 활용하여 창작할 수 있는 시스템들이 서비스되고 있다.

대표적으로 가장 쉽게 접근할 수 있는 이미지 창작 AI 서비스는 인공지능의 학습 단계에 따라 다음의 두 가지를 알아볼 수 있다. 먼저, 구글의 'Auto Draw'는 기계학습, 즉 머신러닝 기능을 활용하여 입력된 규칙과 주어진 규칙을 기반으로 학습하여 이미지 결과물을 만드는 원리이고, 구글의 'Deep Dream'은 보다 고차원의 학습기능인 딥러닝을 구현할 수 있어 인공신경망을 통해 저장된 규칙을 왜곡하고 변환시켜 다른 패턴을 만들 수 있는 시스템이다. 이제 간단한 드로잉 예제를 통해 이미지 인식 AI를 체험해 보자.

① 구글의 Auto Draw

Auto Draw는 인공지능 기능을 기반으로 간단한 형태를 그리면, 저장되어 있는 이미지와 유사한 이미지를 예측하여 그림을 선택할 수 있도록 한 시스템으로 그림 그리는 것에 자신이 없는 사람들도 쉽게 그림을 완성할 수 있다.

1 Auto Draw 사이트(https://www.autodraw.com/)에 접속하여 왼쪽 아래의 'Start Drawing' 버튼을 클릭한다.

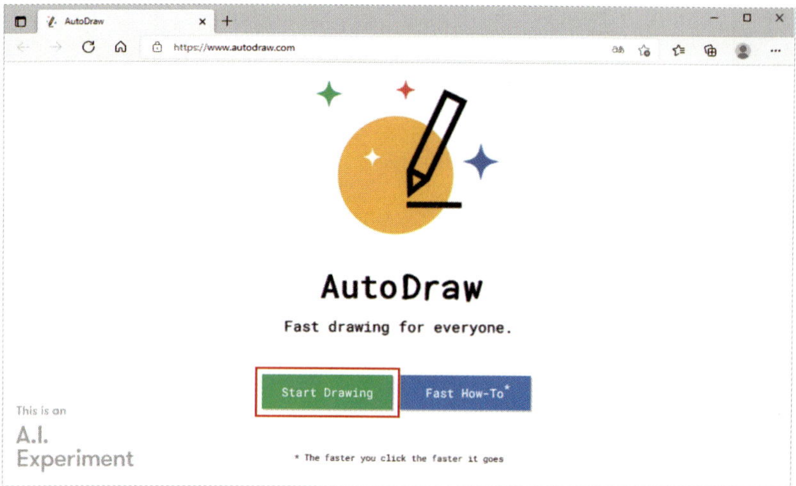

2 화면의 왼쪽 툴바에서 'AutoDraw' 버튼을 클릭한다.

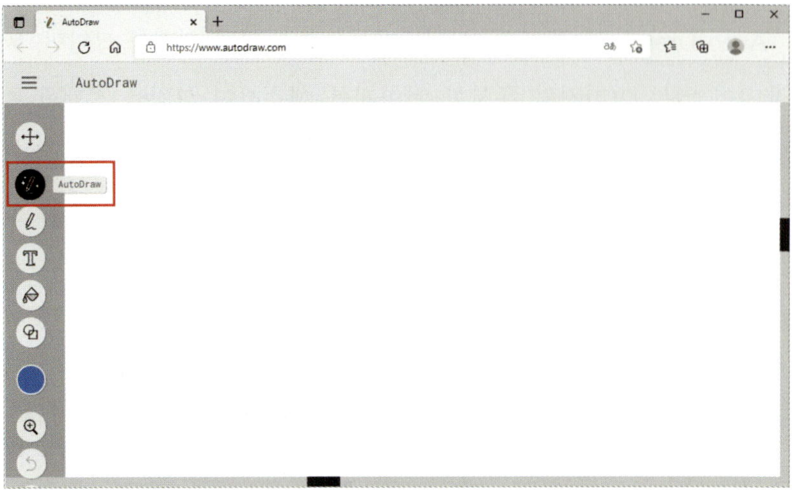

3 빈 화면에 원하는 그림의 기본이 되는 도형을 그리면, 화면 윗부분의 'Do you mean:' 탭에 내가 그린 그림과 공통점이 있는 이미지들을 찾아 띄워 주는 것을 확인할 수 있다.

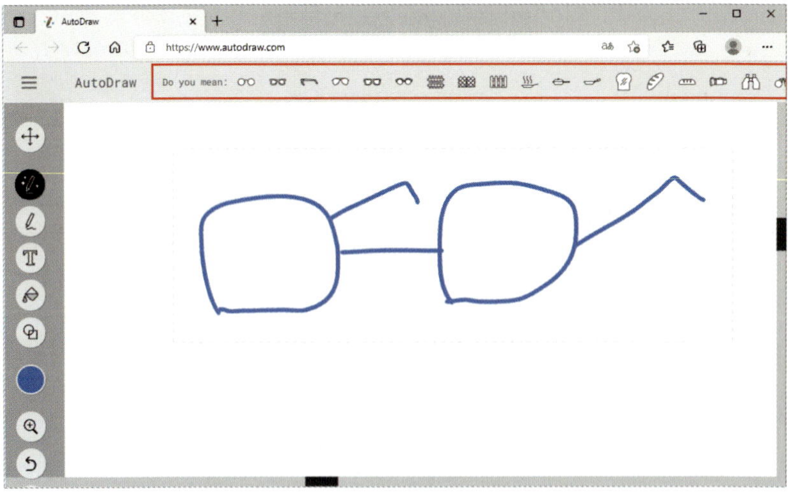

4 'Do you mean:' 탭에서 원하는 이미지를 찾아 클릭하면, 화면에 완성된 스케치가 생성된다.

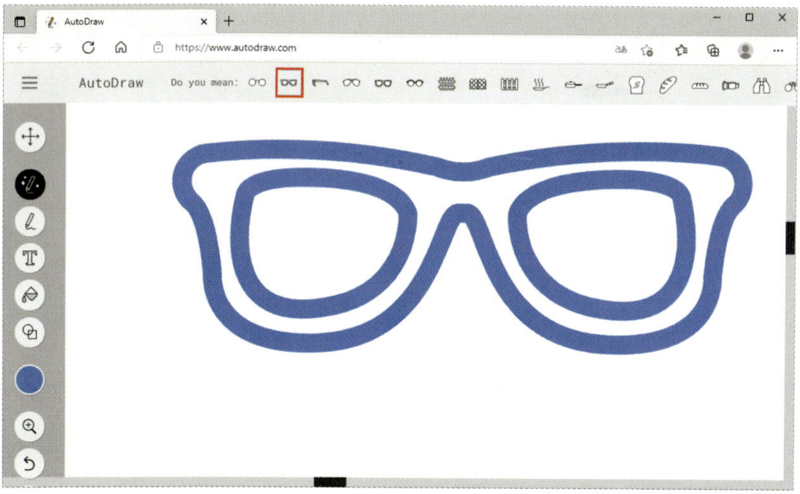

5 스케치에 색을 입히기 위해 툴바의 'Color' 툴에서 좌우로 넘기면서 원하는 색상을 선택한 뒤, 'Fill' 툴을 이용하여 색상을 넣을 영역을 클릭하면 색을 입힐 수 있다.

6 색상을 바꿔가며 원하는 영역의 색칠을 완성하고, 'Solo Draw' 툴을 이용하여 추가로 그리고 싶은 이미지를 그려 넣는다.

7 'Select' 툴을 이용하여 그림의 크기를 조절할 수 있고, 'Shape' 툴을 이용하면 도형을 그려 넣을 수 있다.

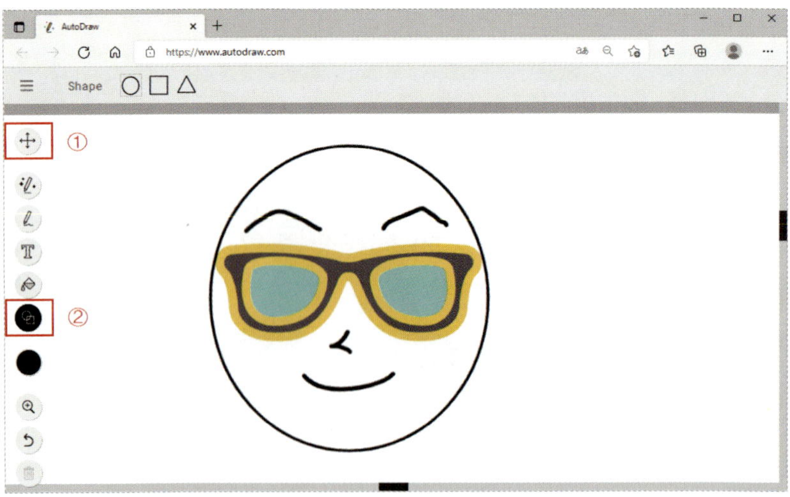

8 '왼쪽 위에 있는 메뉴 버튼을 누르면, 'Download'로 이미지를 저장할 수도 있고, 'Share'로 SNS에 공유할 수 있다.

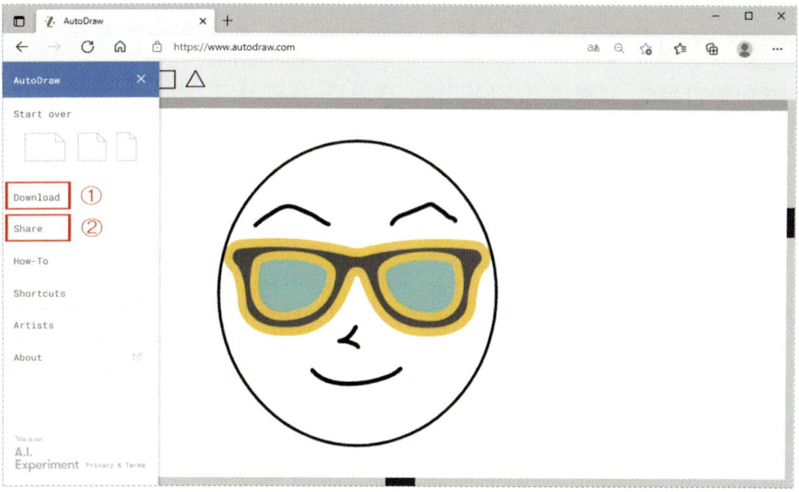

9 'Artist' 메뉴에서는 다양한 작가들의 그림을 다운로드하여 활용할 수도 있다.

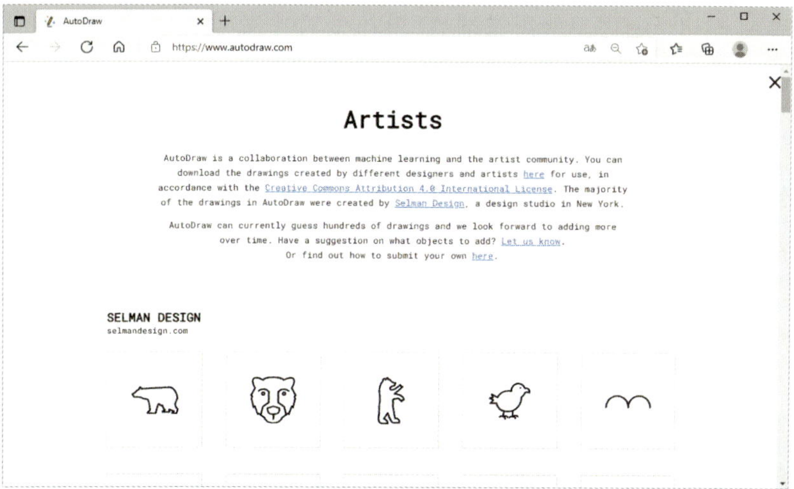

구글의 Auto Draw는 내가 그림이 서툴더라도 그리고자 하는 그림과 유사한 이미지를 Auto Draw 기능이 찾아주어 깔끔하고 숙련된 드로잉을 완성할 수 있게 도와준다. 또한, 색상을 칠하고 크기를 조절하는 등의 기능이 그림판을 사용하는 것처럼 간편하고 쉽다.

② 스타일 트랜스퍼링

다국적 금융그룹 ING와 마이크로소프트 등이 참여한 프로젝트 '넥스트 렘브란트(Next Rembrandt)'도 많이 알려져 있다.

렘브란트 작품의 색채, 구도, 기법 등을 학습한 AI가 작품 표면의 질감까지도 완벽히 표현해낸 것이다. 미술 전문가나 작품 판별을 하는 전문가들도 AI가 그려낸 그림을 렘브란트 작품이라고 생각할 정도여서 '렘브란트의 부활'이란 수식어가 따라붙었다고 한다(그림 9.7).

이번에는 이 딥러닝 기술을 사용하여 스타일 트랜스퍼링을 할 수 있는 AI 서비스 프로그램을 통해 AI 화가가 되어 보자.

'포트레이트 AI'는 얼굴 이미지를 명화로 바꾸는 애플리케이션이다. 얼굴 이미지를 앱에 업로드하면 명화 스타일로 바꿔주는 앱인데, 이 경우에도 스타일 트랜스퍼링 원리가 적용되었다고 할 수 있다(그림 9.8).

③ 구글의 DEEP DREAM

구글의 DEEP DREAM은 내가 원하는 이미지를 기준으로 딥러닝 학습하여 스타일이 변형된 새로운 이미지로 재창작해주는 사이트이다.

기본적으로 제공되는 스타일 외에도 다양한 아티스트들의 스타일을 적용할 수 있다. 여러 개의 이미지를 처리하다 보면, 에너지가 부족하

그림 9.7_ 렘브란트 작품의 색채, 구도, 기법 등을 학습한 AI
자료: https://www.nextrembrandt.com/

그림 9.8_
얼굴 이미지를 명화 스타일로 바꿔주는 애플리케이션 '포트레이트 AI'
자료: https://portraitai.com/

다는 메시지가 뜨는데, 이는 내가 만든 작품의 '좋아요'를 받은 정도에 따라 회원 등급별로 제공되는 화질 크기와 처리 용량의 제한을 두었기 때문이다.

이제 구글의 DEEP DREAM을 직접 이용해 보자.

1 DEEP DREAM 사이트(https://deepdreamgenerator.com/)에 접속하여 화면 윗부분의 'SIGN UP' 버튼을 눌러 회원가입 절차를 진행한다.

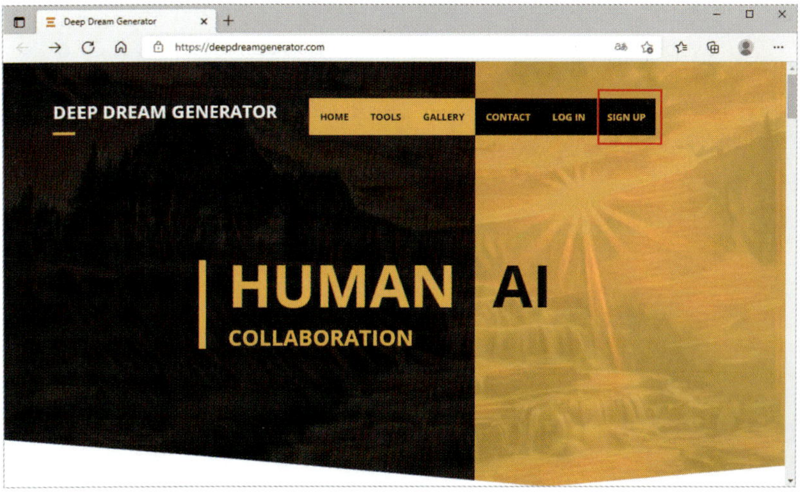

2 회원가입 절차를 마치면 상단의 'GENERATE' 버튼을 클릭하고, '파일선택' 버튼을 클릭하여 변환할 이미지를 선택한다. 'Choose Style'에서 이미지에 적용할 스타일을 선택할 수 있고, 'Settings'에서는 설정을 변경할 수 있다.

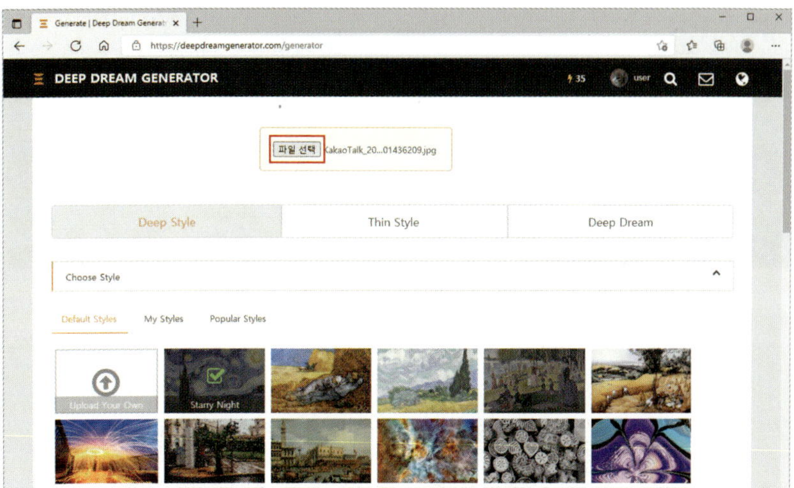

3 설정을 완료한 뒤에 하단의 'Generate' 버튼을 클릭하면 이미지 변환이 시작된다. 선택한 스타일로 변환된 이미지의 전후를 비교해 보자.

※ 다음 글을 읽고 자신의 생각을 자유롭게 적으시오.

인공지능 화가 CAN(Creative Adversarial Networks)은 다른 작품이 사용한 기법, 스타일 등을 똑같이 모방하지 않도록 프로그램되어있다. 따라서 자신이 필요하다고 느낀 방식을 사용하고, 다른 어떤 유파에도 속하지 않은 독특한 그림을 그려낼 수 있다.

|1| 현시대에 예술영역(창작, 감상 등)에 있어서 인간의 역할은 무엇인가?

|2| 다음의 글을 읽고 자신의 생각을 자유롭게 적으시오.

> 인공지능의 창작물을 둘러싼 저작권 논란도 유발되고 있다. 사람이 인공지능을 활용하여 창작물을 만들 때는 창작물의 저작권이 창작자에게 귀속된다. 그러나 아직 인공지능이 스스로 창작물을 만들었을 때는 저작권이 누구에게 귀속되는지에 대한 명확한 해석이나 법규가 존재하지 않는다.

|3| 인공지능이 스스로 예술을 창작하고 사람과 같은 자의식을 갖는 단계로 발전한다면, 인류와 기계가 공존하기 위한 안전장치를 어떻게 마련해야 하는가?

|4| AI가 그린 그림이나 작곡한 음악에서 아우라란 어떤 개념으로 받아들여야 하는가?

9장 참고문헌

- "인류 지배하겠단 말은 농담?" 오드리 닮은 로봇 소피아 "소름", youtube, 2018.
- AI 시대 인간과 기술, 박성원.
- 콘텐츠의 미래, 바라트아난드 지음, 김민수 옮김, 리더스북, 2017.
- 4차 산업혁명시대 문화경제의 힘, 중앙경제평론사, 2017.
- 4차 산업혁명시대 주인으로 살기, 김희용, 책연, 2021.
- 놀랍게도 쉬운 인공지능의 이해와 실습, 한선관, 류미영, 김태령, 고병철, 서정원, 성안당, 2021.
- 예상보다 '40배' 비싼 값에 낙찰된 이 그림.. 화가는 AI?, 인터비즈.
- AI의 과학적 길라잡이, 박현식 외, 자유아카데미, 2021.
- https://blog.naver.com/businessinsight/221666021264.
- 예술과 인공지능의 상생, https://brunch.co.kr/@showpd/33.
- 인공지능이 만든 작품도 예술일까?, https://youtu.be/oLLtlOZJIkg.
- 알파고가 휩쓴 지 2년, 미술계에도 AI열풍불까, http://it.chosun.com/site/data/html_dir/2019/10/12/2019101200327.htmlhttp://it.chosun.com/site/data/html_dir/2019/10/12/2019101200327.html.
- AI가 그린 그림, 미술계 재앙일까, 축복일까, 2019.10.09., https://www.mk.co.kr/news/culture/view/2019/10/812807/.

10장

AI와 게임

1. 게임 인공지능이란?

게임 인공지능은 사람의 개입 없이 자율적으로 동작할 수 있는 지능을 개발한다는 측면에서는 일반적인 인공지능과 같지만, 게임의 특성을 반영한 독특한 목표를 가지고 있다. 게임은 일반적으로 인간을 능가하는 인공지능 개발을 목표로 하지 않고, 인간에게 재미를 제공할 수 있는 지능 개발을 목표로 한다는 것이다. 만약, 게임 인공지능이 인간을 능가하는 지능과 능력이 있다면, 게임을 하는 사용자는 공정하지 못하다고 생각할 수 있다. 따라서 게임은 사용자가 게임 속 캐릭터와 경쟁을 하면서 재미를 느낄 수 있는 수준의 인공지능을 개발하고자 한다. 이러한 게임 인공지능은 사용자와 시스템 측면에서 다음과 같은 특징이 있다.

첫째, 사용자 측면에서 인공지능이 너무 똑똑하거나 너무 바보같지 않아야 한다는 것이다. 사용자보다 월등하게 똑똑하다면 사용자가 경쟁을 포기할 것이고, 너무 단순하다면 지루함을 느끼고 게임을 그만둘 것이기 때문이다. 따라서 사람이 게임을 하면서 재미를 느끼고 몰입할 수 있도록 인공지능을 최적화해야 한다.

둘째, 사람은 학습 능력이 있기 때문에 게임을 하면서 실력이 점진적으로 향상한다는 것이다. 따라서 게임 인공지능도 사람의 실력에 맞추어 수준을 높이면서 적절한 난이도를 제공해야 한다는 것이다. 이처럼 게임 인공지능은 인간을 대체하기 위해 인간의 지능을 뛰어넘는 지능 개발이 아닌, 인간이 느끼는 재미라는 감정과 인간의 학습 능력을 고려하여 적절한 지능을 개발하고자 한다.

셋째, 시스템 측면에서 게임 인공지능은 인간에게 재미 제공을 목표로 하기 때문에 다른 인공지능보다 정교할 필요가 없다는 점이다. 즉, 사용자가 재미를 느낄 수 있는 수준의 착각을 만들기 위해 컴퓨터 자원을 많이 사용하는 정교한 방식보다는 최소한의 계산 부담으로 사용자가 수긍할 수 있는 방식을 개발하고자 한다는 것이다.

넷째, 게임은 영화와 같이 자연스러운 영상을 만들기 위해 초당 60회 이상의 이미지를 고정적으로 제시하는 방식과 달리 사용자의 입력을 받아 자유로운 조작이 가능하기 때문에 실시간 처리가 필요하다. 따라서 일반 인공지능과 달리 게임 인공지능은 실시간 처리를 위해 제한된 시간 안에 결과를 도출해야 하는 특징이 있다.

2. 게임 인공지능의 역사

① 테니스 포 투(Tennis for Two)

최초의 게임으로 간주하는 테니스 포 투는 1958년 오실로스코프 상

그림 10.1_
테니스 포 투 게임
자료: Wikipedia, Brookhaven National Laboratory

에서 개발되었다. 이 게임은 디지털 연산이 아닌 아날로그 기반의 장치를 이용하여 만든 전자 게임이다. 이 게임의 방식은 측면 고정 시점의 2인용 테니스 게임으로 중력의 영향을 받는 공을 네트 위로 넘겨야 한다. 결국, 사람들끼리 게임을 하기 때문에 인공지능이 필요 없는 게임이다.

② 스페이스 워(Spacewar!)

스페이스 워는 1962년 세계 최초의 디지털 방식의 컴퓨터 게임이다. 이 게임의 진행방식은 2명의 사람이 각각 자신의 우주선을 조종하면서 미사일을 발사하여 상대편 우주선을 맞추는 게임이다. 우주 공간의 특성을 이용하여 한쪽으로 가속을 주면 관성의 법칙 때문에 진행 방향으로 계속 움직이기 때문에 역추진을 사용해야 한다. 이처럼 초창기 게임은 주로 2명의 사람이 서로 경쟁할 수 있는 규칙과 환경을 제공하는 수준으로 인공지능이 활용되지 않았다.

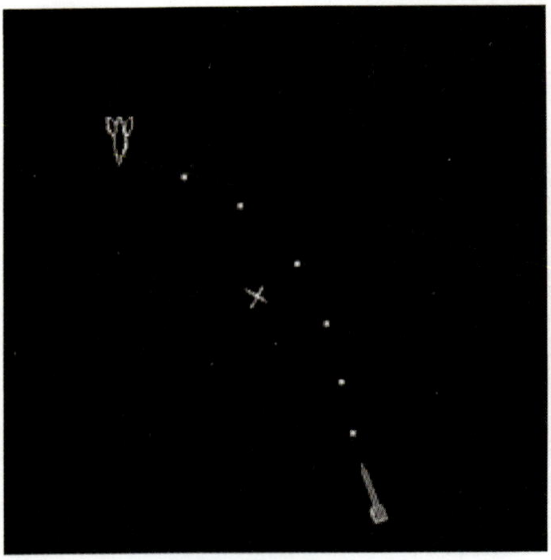

그림 10.2_
스페이스 워의 게임 장면
자료: Wikipedia

초기 게임은 컴퓨터 자원의 제약 때문에 시청각적 자극과 재미를 제공하는 것을 우선으로 하였고 게임 인공지능은 매우 단순하게 개발되었다. 예를 들어, 적 군사의 행동을 조정하는 경우에는 적 군사가 정해진 경로를 반복적으로 이동하다가 사용자 캐릭터가 일정 범위 내에 있을 때 공격하는 규칙으로 구현할 수 있다. 즉, 주변 환경의 자극에 따라 바로 반응하는 형태의 간단한 규칙으로 구현되었다. 다음은 해당 시기에 개발된 대표적인 게임 인공지능 제작 사례들이다.

③ 퐁(Pong)

퐁은 최초의 상업적 게임으로 1972년 미국 '아타리'사에서 개발한 게임으로 탑 뷰(Top View) 시점의 테니스를 모방한 2차원 스포츠 게임이다. 게임 방식은 사용자가 화면의 좌측에 있는 게임의 라켓을 위아래로 조작하면서 컴퓨터가 조작하는 반대편 플레이어와 경쟁하여 공을 상대편으로 넘기면 점수를 획득하게 된다. 이처럼 1970년대 게

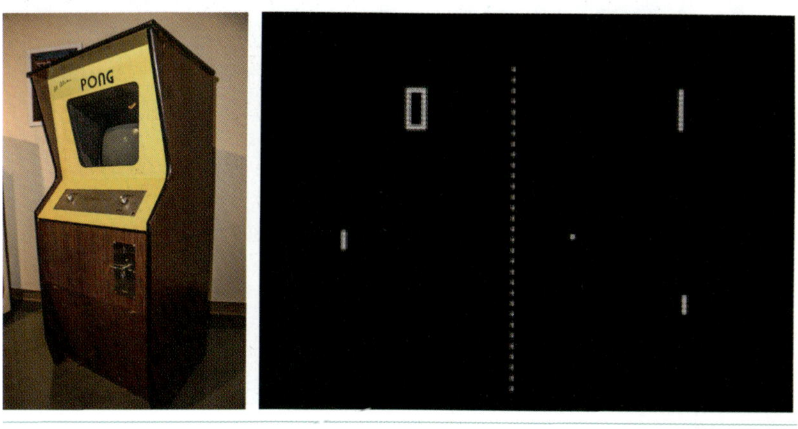

그림 10.3_ 퐁 게임기와 게임 장면
자료: Wikipedia, Chris Rand

임은 대부분 단순한 스포츠나 슈팅, 액션 장르였기 때문에 게임 인공지능은 간단한 패턴으로 쉽게 구현할 수 있었다.

④ 팩맨(Pac-Man)

팩맨은 1980년 일본 '남코'사가 개발한 아케이드 게임으로 게임 방식은 사용자가 미로 안에서 노란 원형에 입만 존재하는 캐릭터인 '팩맨'을 움직여 4마리의 유령들을 피해 화면에 있는 점들로 표현된 모든 쿠키를 모두 먹으면서 다음 스테이지로 넘어가는 방식이다.

각 스테이지에는 4개의 '파워 쿠키'가 존재하는데, 팩맨이 파워 쿠키를 먹으면 일정 시간 동안 유령들이 파란색으로 변경되어 팩맨으로부터 도망친다. 적 캐릭터인 유령들은 각각 이름을 가지고 있으며 독립적인 존재로서 서로 다른 개성을 설정하고 있다. 게임 인공지능은 이

그림 10.4_ 팩맨 게임기와 게임 장면
자료: Wikipedia

러한 유령들의 동작을 스테이지 내에서 고유 패턴으로 움직이도록 정교하게 개발되었다.

빨간색 유령은 중앙 유령의 집에서 가장 먼저 나오며, 팩맨에게 도달할 수 있는 최단 거리를 계산해서 바로 뒤를 쫓아가는 공격적인 성향이다. 팩맨이 먹는 쿠키의 남은 양에 따라 속도를 5% 증가하여 추적한다. 스테이지를 진행할수록 속도를 증가하는 시점이 더 빨라져서 난이도가 높아진다. 분홍색 유령은 팩맨의 현재 위치를 기준으로 추격하는 것이 아니라 진행 방향에 따라 어디로 갈 것인가를 계산해서 앞질러서 덮치는 분석적인 성향이다. 파란색 유령은 빨간색 유령과 팩맨의 위치를 파악하여 가장 효율적으로 팩맨을 잡을 수 있는 길로 팩맨을 쫓아간다. 노란색 유령은 유령의 집에서 마지막에 나오며, 움직임이 굼뜨고 지능도 낮아서 팩맨을 잘 쫓지도 못한다.

1990년대부터 그래픽과 사운드 기능이 어느 정도 수준에 도달하고, 컴퓨터 하드웨어 기술이 발달함에 따라 사용자들이 요구하는 보다 자연스럽고 재미있는 게임을 위하여 게임 인공지능이 대두되기 시작하였다. 특히, 게임의 장르가 다양해지고 복잡한 전략 시뮬레이션 등이 나오면서 인공지능의 역할이 커지게 되었다. 결국, 인공지능이 보다 사실적이거나 차별화된 환경과 상황을 제공하여 더욱 몰입감 높은 재미를 제공하는데 게임의 중요한 요소가 된 것이다.

⑤ 스타크래프트(Starcraft)

스타크래프트는 1998년 '블리자드 엔터테인먼트'사에서 개발한 실시간 전략 시뮬레이션 게임으로 미래 우주를 배경으로 3종류의 외계 종족 사이의 전쟁에 대한 서사를 다룬다. 최대 8명의 사람이 동시에 참여하는 멀티플레이를 지원하며, 사람과 사람 또는 사람과 인공지능 사이의 대결이 가능하다. 게임 방식은 자원을 모아 건물을 짓고, 유닛을 생산하고 발전시켜, 상대방과의 전투에서 승리하는 것이다. 스타크래프트의 인공지능을 기존 바둑과 같은 게임의 형식과 비교하면 다음과 같은 차이점들이 있다.

첫째, 게임 인공지능의 측면에서 스타크래프트는 기존의 바둑처럼 시간제한이 있는 턴 방식의 게임이 아니라 상대방의 동작과 상관없이 실시간으로 명령을 처리할 수 있는 실시간 전략 게임이다.

둘째, 바둑은 나와 상대방 모든 바둑돌의 상태를 확인할 수 있는 완전한 정보를 제공하지만, 스타크래프트는 안개(fog of war)라는 요소가 있어서 내가 정찰하지 않은 지역은 볼 수 없으며, 정찰하더라도 일

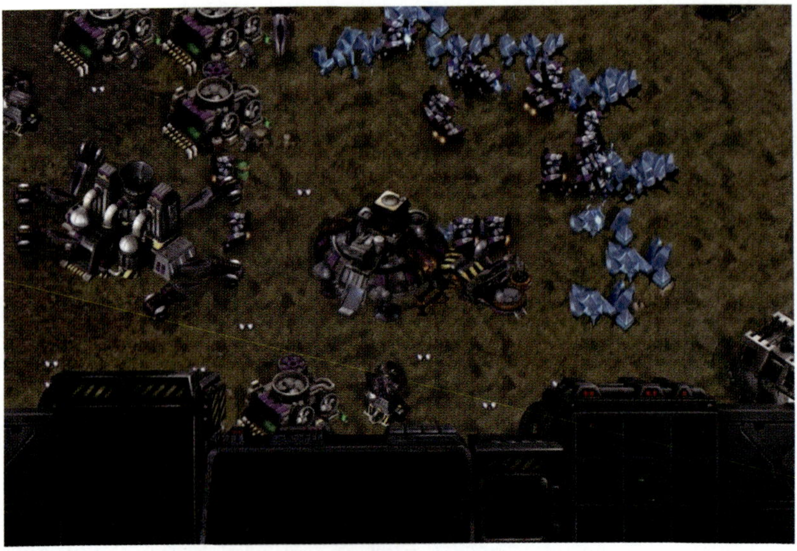

그림 10.5_ 스타크래프트의 게임 장면
자료: BLIZZARD ENTERTAINMENT, https://starcraft.com/

정 시간이 지나면 상대방의 변화를 알 수 없는 불완전 정보 게임이다.

셋째, 바둑은 사용자가 동일한 의미의 바둑돌을 이용하여 게임을 진행하지만, 스타크래프트는 3개의 서로 다른 종족을 이용하여 전투를 벌일 수 있다. 종족마다 수십 종류의 건물과 유닛을 생산할 수 있고, 유닛마다 서로 다른 속성들을 가지고 있기 때문에 정보의 양뿐만 아니라 관계도 매우 복잡하다.

넷째, 바둑은 돌을 이용하여 플레이할 수 있는 경우의 수가 361(19×19)개이지만, 스타크래프트는 최대 1억(4096*4096) 가지 이상의 경우의 수가 존재한다.

3. 인공지능 기법을 활용한 게임 개발

전통적인 게임 인공지능 기법은 NPC(Non-Player Character)의 지능적인 행동을 만들기 위해 주로 활용되었다. NPC는 사용자가 조정하지 않고 자율적으로 행동하는 게임 내부의 캐릭터로서 사용자의 경쟁자 역할 또는 보조자 역할을 수행한다. 인공지능은 이 NPC가 스스로 게임의 환경을 인식하고 의사결정을 하거나, 특정 목적지까지 도달할 수 있는 최단 이동 경로를 탐색하기 위해 유한상태기계(Finite State Machine, FSM) 탐색기법(Search)을 활용한다.

FSM은 유한개의 상태를 기반으로 NPC의 행동을 제어하기 위해 가장 널리 사용되는 전통적인 인공지능 기법이다. FSM에서 상태는 임의의 행동을 처리하기 위한 기본 단위이다. NPC는 특정 시점에 하나의 상태로 있으면서 특정 행동을 하게 된다. 또한, 각각의 상태는 특정 조건에 따라 다른 상태로 변경될 수 있다. 이처럼 FSM은 상태를 구성하며 NPC의 행동을 결정하기 위한 규칙 기반 시스템을 만들 수 있다.

대부분의 게임에서 NPC가 현재 위치로부터 특정 목적지까지 이동하려고 할 때, 두 지점 사이에 미로와 같은 장애물이 있는 경우 문제가 발생한다. 이 문제를 해결하기 위해 최단 경로를 탐색하는 인공지능 기법이 필요하다.

게임에서 가장 많이 사용되는 탐색기법은 'A* 알고리즘'이다. 이 알고리즘은 목적지까지의 최단 경로를 탐색할 때 휴리스틱을 이용하여 예상비용을 산출한다. 임의의 위치에서 다음 경유지를 선택할 때 각각의 경유지로부터 목적지까지의 예상비용을 계산한다. 그리고 이들 중 예상비용이 가장 낮은 경유지를 우선 탐색하도록 하여 최단 거리

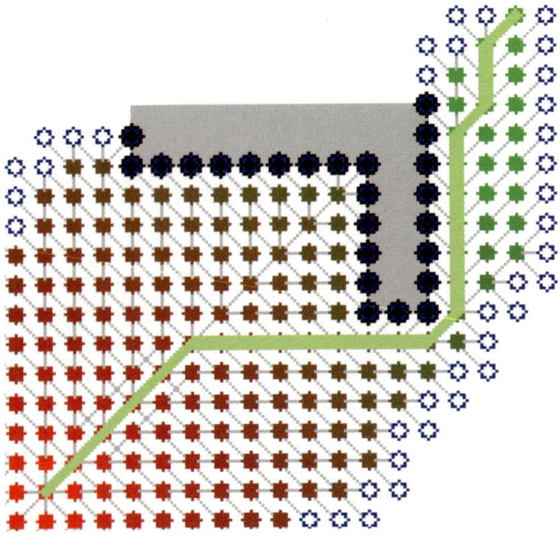

그림 10.6_ A* 알고리즘
자료: Wikipedia, Subh83

탐색의 효율성을 높인다.

최근 게임업계는 사람이 프로그램의 규칙을 정교하게 만드는 기존의 인공지능 기법과 달리 컴퓨터가 스스로 학습하고 데이터를 기반으로 예측하여 필요한 작업을 수행할 수 있는 기계학습 활용하고 있다. 전통적인 규칙 기반 인공지능 프로그램은 구현하기도 힘들고, 새로운 변화에 적응하기 어려운 한계가 있다. 반면, 최신 기계학습 기법은 수많은 데이터를 이용하여 스스로 학습하면서 이러한 한계를 극복할 뿐 아니라 여러 분야에서 인간과 유사하거나 인간을 뛰어넘는 성능을 만들어내고 있다. 이러한 최신 인공지능 기법이 게임 사용자가 발생시킨 대규모 데이터를 분석하고 최적의 게임 서비스와 콘텐츠를 제공하기 위해 활용되고 있다. 다음은 최근 게임업계에서 기계학습형 인공지능 기법을 활용한 사례들이다.

첫째는 게임 개발의 일부 과정을 자동화하여 체계적이고 효율적인 콘텐츠 개발을 위해 인공지능 기법을 활용을 연구하는 것이다. 다음은 국내 게임 개발사들이 게임 테스트, 게임 밸런싱를 위해 인공지능 기법을 활용한 사례들이다.

게임 테스트 자동화는 사람이 직접 게임을 플레이하면서 게임의 오류나 문제점들을 발견하는 방식에서 사람 대신 AI 플레이어가 테스트하는 것이다. 모 게임사는 모바일 게임 내 상점 결제 테스트 또는 단말기의 호환성 테스트처럼 중요도가 높지만, 단순 반복으로 진행되는 작업에 자동화 기술을 도입하고 있다. 이와 같은 방식으로, 게임 버그에 대한 테스트도 약 40% 자동화로 전환하고 있다고 한다.

게임 밸런스 자동화는 게임에 등장하는 요소들 사이의 관계를 모델링한 수치에 대해 게임의 재미를 위한 균형을 맞추는 작업이다. 기존에는 게임 개발자가 게임 속 캐릭터와 아이템에 대한 밸런스를 결정하기 위해 직접 데이터를 변경하며 테스트하는 방식으로 진행해 왔다. 하지만 이러한 방식은 경험과 직관에 의존하는 경우가 많으며, 콘텐츠의 복잡도가 높은 경우 밸런스와 관련된 요소가 많기 때문에 많은 시간과 비용이 요구된다. 이를 개선하기 위해 모 게임사는 인공지능을 활용하여 게임 밸런스를 맞추는 테스트를 체계화하고 시각화하는 검증 도구를 연구개발하고 있다. 이를 통해 개발자들은 주관적인 직관이 아닌 객관적인 데이터를 기반으로 적절한 밸런스 수준을 결정할 수 있게 된다.

둘째는 게임을 제작하는 데 필요한 다양한 콘텐츠를 생성하기 위해 인공지능 기법을 활용하는 것이다. 다양한 콘텐츠는 해당 분야의 전문가가 제작할 경우 많은 시간과 비용이 필요하다. 다음은 게임 제작 비용을 낮출 뿐 아니라 사용자에게 알맞은 다양한 콘텐츠 생성을 위해 국내 게임 개발사들이 인공지능 기법을 활용한 사례들이다.

A 사는 게임 속 캐릭터가 대화하는 장면을 제작할 때, 단순히 입만 벙긋거리는 것이 아니라 얼굴 애니메이션 기술을 개발하여 대사에 맞춰 얼굴 근육이 자동으로 움직이도록 하여 음성과 얼굴을 자연스럽게 표현하였다.

B 사는 모션 캡처 방식으로 3D 움직임을 구현할 때, 이를 자연스럽게 보이게 하도록 사람이 수동으로 조정하는 작업을 AI가 대신 수행하도록 하였다. 그 결과 사람이 처리할 때 4시간이 소요되는 작업을 AI는 4분만에 수행하게 되었다고 한다. B 사의 전무는 AI의 작업에 한계가 있기 때문에 '발 모션'과 같은 까다로운 부분은 사람을 대신하여 모두 대체할 수 없지만, 향후 3년 안에는 그 격차가 사라질 것으로

전망하였다.

C 사는 AI 기술을 활용하여 현실 세계의 인물 사진으로 게임 캐릭터를 생성하였다. 이 시스템은 사람의 안면 뼈 특징을 이해하도록 학습하여 사용자의 입력은 최소화하면서도 3D 캐릭터를 빠르고 정확하게 구현할 수 있었다고 한다. 단, 모든 과정을 자동화하지는 않고, 몇 개의 슬라이더를 조정하는 방식으로 캐릭터가 더 자연스럽게 보일 수 있도록 개발자의 수작업이 필요하다고 한다.

셋째는 사용자의 게임 플레이 경험을 분석하여 개인에게 알맞은 재미를 제공하고 이탈을 방지하기 위해 최신 인공지능 기법을 활용하는 것이다. 게임 사용자마다 실력이 다르고 재미를 느끼는 부분이 다르기 때문에 각 사용자의 수준과 플레이 패턴을 분석하고 개개인의 재미를 극대화할 수 있는 서비스를 제공한다.

모 게임사는 사용자 간 대결을 연결하는 시스템을 개발할 때, 단순히 레벨 등 실력만을 고려하지 않고, 최신 인공지능 기술을 활용하여 사용자의 게임 플레이 유형, 사용자가 자주 사용하는 무기와 캐릭터, 특정 상황에서의 대처 능력 등 복합적으로 고려하여 매칭을 제공한다.

또 다른 게임사는 게임의 복잡함 때문에 재미를 느끼지 못하고 초기에 이탈하는 것을 방지하기 위해 사용자가 어려움과 좌절에 빠진 것을 감지하여 적절한 안내를 제공하도록 하는 시스템을 개발하고 있다.

넷째는 게임 환경을 저해하는 불법 활동을 감지하여 차단하기 위해 최신 인공지능 기법을 활용하는 것이다. 공정한 게임 플레이를 방해하는 불법 활동의 예는 벽 너머 보이는 상대방 위치를 파악할 수 있는 '월 핵(Wall Hack)', FPS 게임에서 목표 조준을 자동으로 이동하거나 화기의 반동을 제거하는 '에임 핵(Aim Hack)' 등과 같은 비인가 프로그램들이다.

또 다른 불법 활동으로 게임을 즐기는 것과 무관하게 자동사냥 등을 통해 게임 내 재화를 벌어들이고, 이를 통해 현금 수익을 내는 작업장 운영이 있다. 작업장은 게임 재화의 가치에 악영향을 준다. 이러한 불법 행위들은 정상적인 게임 사용자들의 게임 플레이를 방해하고 결국 게임을 정상적으로 운영하지 못하게 하는 심각한 문제를 일으킨다.

이러한 문제를 해결하기 위해 기존에는 불법 활동을 감지하기 위한 규칙을 만들고, 해당 규칙을 이용하여 불법 활동을 감지하는 방식이었으나 불법 활동의 변경이 있을 때마다 이에 대응하는 규칙을 새롭게 갱신해야 하는 번거로움이 있었다. 최신 인공지능 기법을 활용하면 별도의 추가적인 갱신 없이 스스로 학습하면서 보다 정확하고 신속하게 비정상적인 플레이 패턴을 감지할 수 있게 된다.

A 사는 사용자의 게임 행위 데이터를 기계학습 기법으로 학습한 AI가 사용자의 불법 행동을 탐지한 결과 오탐지율이 1% 미만으로 나타나 높은 신뢰성을 보였다고 한다.

게임 환경을 저해하는 게임 내 욕설, 광고 등을 차단할 때 단어를 변형하면 탐지하기 어려웠던 한계를 극복하기 위해 최신 인공지능 기술을 활용하여 변형 욕설, 광고 용어 등을 탐지하고 자동 차단하고 있다.

A 사는 미리 설정한 금칙어 글자를 발견하면 블라인드 처리하는 방식으로 10분간 욕설 231건을 적발하였으며, 이 중 41%가 제재 대상이었다고 한다. 그러나 인공지능 기술을 적용하여 스스로 언어를 학습하고 문맥의 흐름을 읽어서 욕설을 탐지하는 방식을 같은 게임에 적용했을 때, 10분간 246건의 욕설을 탐지하였으며, 이 중 96%가 제재 대상이었다고 한다. 예를 들어, 금칙어 기반 프로그램은 '년'이라는 글

자가 들어간 단어 모두를 잡아내지만, 인공지능은 쓸 수 있는 단어와 그렇지 않은 단어를 구분한다.

10장 참고문헌

- 테니스 투 포 게임, Wikipedia, Brookhaven National Laboratory.
- 스페이스 워의 게임 장면, Wikipedia.
- 퐁 게임기와 게임 장면, Wikipedia, Chris Rand.
- 팩맨 게임기와 게임 장면, Wikipedia.
- 스타크래프트의 게임 장면, BLIZZARD ENTERTAINMENT, https://starcraft.com/.
- A* 알고리즘, Wikipedia, Subh83.

부 록

AI 워크북

자기 분야에서 AI를 활용한 솔루션 기획

1-1 각 전공별 AI를 바라보는 관점

전공별로 AI를 바라보는 관점이 어떻게 다른지 적어보자.

1-1 내가 AI를 바라보는 관점

전공과 관계 없이 내가 AI를 바라보는 관점을 마인드맵으로 그려보자.

1-2 AI의 활용 사례

산업 분야에서 AI가 어떻게 활용되고 있는지 그 사례를 조사해보자.

1-3

전공별 최신 연구 동향

전공별 AI 최신 연구 동향을 조사하여 사진과 함께 적어보자.

부 록

AI 워크북

자기 분야에서 AI를 활용한 사업기획서

2-1 사회문제와 니즈 분석

전공별로 조를 구성하여 조원별로 역할과 역할의 목적을 분류해보자.

조원 명단

목적 및 역할

2-2

사회문제 발견

전공별로 조를 구성하여 AI 기술을 통해 현 사회에서 해결해야 할 문제가 무엇인지 파악하여 정리해보자.

2-3

대상의 니즈 분석

활동을 통해 도출된 사회에서 해결해야 할 문제에 해당하는 대상의 니즈를 분석해보자.

2-4

사업이란?

사업은 세상이 필요로 하는 것을 위해 아이디어를 내는 것에서부터 출발한다. 내가 생각하는 사업이란 무엇인지 자유롭게 적어보자.

2-5

사업기획서란?

조 활동을 통해 도출된 이야기들에 적합한 사업기획서의 사례를 자유롭게 조사해보자.

2-6

창의적인 사업기획서 작성

창의적인 사업기획서를 작성해보자.

사업 추진의 필요성

사업목표 및 내용

사업의 기대효과

사업에 필요한 기술

부 록

AI 워크북

자기 분야에서 AI와 관련된 자기 주제

3-1 각 전공과 관련된 사업기획서 발표

조별로 작성한 사업기획서를 발표하고 그 내용을 적어보자.

3-2 조별 발표에 경청하였는가?

사업기획서 발표를 듣고 느낀 점과 본받을 점을 간단하게 적어보자.

3-3 발표를 바탕으로 토론 진행

정리한 발표 내용을 보면서 자유롭게 토론해보자.

3-4 전공별 AI 시대의 전망과 과제 도출

전공별로 AI 시대의 전망을 조사해보자.

3-4 전공별 AI 시대의 전망과 과제 도출

조사한 전망과 과제를 어떻게 전공과 진로에 결합할 수 있을지 방향을 수립해보자.

인문사회학으로 보는 AI

저　　자 박현식·고인석·김홍근·박성원·박창훈
염창선·이중만·조상섭·최예정·한유미
발 행 인 김지영
발 행 처 자유아카데미
주　　소 경기도 파주시 회동길 37-42
파주출판도시
전　　화 031-955-1321
팩　　스 031-955-1322
홈페이지 www.freeaca.com
전자우편 main@freeaca.com(대표)
editor@freeaca.com(편집)
crm@freeaca.com(영업)
등　　록 제406-2003-017호, 1980. 7. 12
제1판1쇄 2021년 8월 31일 발행

ISBN 979-11-5808-317-5 93000